维吾尔族 传统民居

国家出版基金项目
NATIONAL PUBLICATION FOUNDATION

中国传统建筑
营造技艺丛书
（第二辑）

刘　托　主编

维吾尔族传统民居
营 造 技 艺

WEIWU'ERZU
CHUANTONG MINJU
YINGZAO JIYI

艾斯卡尔·模拉克　著

时代出版传媒股份有限公司
安 徽 科 学 技 术 出 版 社

图书在版编目(CIP)数据

维吾尔族传统民居营造技艺 / 艾斯卡尔·模拉克
著. --合肥:安徽科学技术出版社,2021.6
　(中国传统建筑营造技艺丛书 / 刘托主编.第二辑)
　ISBN 978-7-5337-8366-2

　Ⅰ.①维… Ⅱ.①艾… Ⅲ.①维吾尔族-民居-建筑
艺术-中国 Ⅳ.①TU241.5

中国版本图书馆 CIP 数据核字(2021)第 010417 号

维吾尔族传统民居营造技艺　　　　　　　　　　　艾斯卡尔·模拉克　著

出 版 人:丁凌云　选题策划:丁凌云　蒋贤骏　余登兵　策划编辑:翟巧燕
责任编辑:王爱菊　何宗华　责任校对:岑红宇　李 茜　责任印制:李伦洲
装帧设计:王 艳
出版发行:时代出版传媒股份有限公司　http://www.press-mart.com
　　　　　安徽科学技术出版社　　　　　http://www.ahstp.net
　　　　　(合肥市政务文化新区翡翠路 1118 号出版传媒广场,邮编:230071)
　　　　　电话:(0551)63533330
印　　制:合肥华云印务有限责任公司　　电话:(0551)63418899
(如发现印装质量问题,影响阅读,请与印刷厂商联系调换)

开本:710×1010　1/16　　　印张:13　　　字数:208 千
版次:2021 年 6 月第 1 版　　2021 年 6 月第 1 次印刷

ISBN 978-7-5337-8366-2　　　　　　　　　　　定价:69.80 元

丛书第二辑序

自2013年"中国传统建筑营造技艺丛书"第一辑出版至今,已经8年过去了。这8年来,"营造技艺及其传承保护"已然成为中国传统建筑文化及文化遗产保护领域的热门话题,相关的课题研究、学术论坛高倍聚焦于此,表明了营造技艺的学术性和当代性价值。不惟如此,"营造"一词自1930年中国营造学社创立以来,重又为社会各界广泛认知和接受,成为人们了解传统建筑的一种新的视角,或可以说多了一把开启中国建筑文化之门的钥匙。

研究营造技艺的意义是多方面的:一是深化和拓展了建筑历史与理论研究的领域;二是丰富和充实了文化遗产保护的实践;三是在全国范围内,特别是在民间,向广大民众普及了对保护和传承非物质文化遗产(简称"非遗")的认知。正是随着非遗保护工作的不断深入,我们对一些已有的认知也在逐渐深入和更新。比如真实性问题,每一种非遗都是富有生命活力的存在,是一种生命过程,这是非遗原真性的核心内涵,即它是活着的生命体,而不是标本。这与物质形态的真实性有所不同,其真实与否是活态非遗真伪的判断标准。作为文物的一座建筑,我们关注的是物态本身,包括它的材料、造型等,可能还会延伸到它的建造历史,它甚至可以引导我们穿越到初建或改建时的那个年代;而作为非遗的技艺,建筑物只是一个符号,我们要揭示的是建造技艺延续至今所包含的人类文明和人类智慧,它在我们当今生活中所扮演的角色,让我们既感受到人类文明的涓涓流淌,又体验到人类生活的丰富多样。我们现在在古建筑物质形态保护方面,对原真性保护虽然原则上也强调使用原材料、原工具、原工艺进行修缮,然而随着"非物质文化遗产"概念的引入和普及,传统技艺本身已然成为保持文化遗产真实性的必要条件和要素,成为被保护的直接对象。对技艺的非物质保护,首先就是强调其原真性需要得到保护,技艺的原真性就是有序传承的技术、做法、工艺、技巧。作为被保护对象,它们不应被随意改变。如同文物建筑不得被任意破坏或改动一样,作为非物质的载体,物质性的作品、成品、半成品、工具等都是展示技艺的要件,它们同时承载着识别技艺和展示技艺的功能,不应人为刻意掩盖或模糊技艺的真实呈现。所谓修饰一新、整旧如旧的做法,严格意义上说都不符合真实性原则。

又比如说活态性问题,非物质文化遗产是活态遗产,指的是非物质文化遗产在历史进程中一直延续,未曾间断,且现在仍处于传承之中。它是至今仍活着的遗产,是现在时而非过去时。一般而言,物质形态的遗产是非活态的,或称固态的,它是凝固、静止的,它是过去某一时段历史的遗存,是过去时而非现在时,如建筑遗构、考古遗址,乃至一般性的文物。然而非物质文化也并非全都是活态的,因而也不都是文化遗产,它们或许只是文化记忆,比如说终止于某一历史时期的民俗活动与节庆,失传的民歌、古乐、古代技艺,等等,虽然它们也是非物质的,也是无形的,但它们都已经成为消失在历史长河中的过去,被定格在某一时间刻度上,或被人们所遗忘,或被书写在历史文献中,它们在时间上都归为过去时。而成为活态的遗产则都是现在时,是当今仍存续的、鲜活的事项,如史诗或歌谣仍然被传唱,如技艺或习俗仍然在传承和被遵守,尽管它们在传承中也有所发展,有所变异。由此可见,活态并非指的是活动或运动的物理空间轨迹及状态,而指的是生生不息的生命力和活力。活态性也表现在非物质文化遗产在传承与传播中不断地应变，像生命体一样在与自然环境及社会环境的相互作用中不断地生长、适应与变化，积淀了丰厚的政治、经济、历史、文化、科技信息，积累了历代传承人的智慧和创造力，成为人类文明的结晶，如唐宋时期的营造技艺发展到明清时期已然发生了很多变化，但其核心技艺一脉相承，并直到今日仍被我们所继承和发扬。

再比如说整体性问题，营造技艺并非只强调技术，而应该包含营建活动的全部，"营"代表了其中的精神性活动，"造"代表了其中的物质性活动。在联合国教科文组织所列的五种非遗类型中，有一些项目是跨类型的，建筑即是如此。虽然我国现行管理体制中把建筑列入技艺类项目，但其与人类认知、民俗、文化空间等内容都有着紧密的联系，这也证明了营造类文化遗产的复杂性和丰富性，需要我们认真研究和传承。现实中没有一项文化遗产不是一个复杂的综合体和有机体，它们都具有自己的完整结构和运行规律，每一项非物质文化遗产都是由持有人、遗产本体（如技艺、表演等）、物质载体（如产品、艺术品等）、生态环境（自然与人文环境）共同构成的。整体性保护就是保护文化遗产所拥有的全部内容和形式，对非物质文化遗产的科学保护意味着对其相关要素进行全面保护，否则就难以实现保护的初衷，难以取得成效。营造技艺保护在整体性方面可谓表现得尤为典型。

中国非物质文化遗产是按照分类进行专项保护的，但许多遗产在实际存续状态中往往涉及多种类型，如不强调整体性保护，很可能造成遗产被割裂、分解，如表演艺术中的戏剧、曲艺，大多涉及文学、音乐、舞蹈、美术，以及民俗。仅以皮影为例，就涉及说唱、美术、制作技艺等，只有整体保护才能取得成效。不仅如此，除去对遗产本体进行保护外，还要对其赖以生存的生态环境予以保护，其中既包括文化生态，也包括自然生态。就营造技艺而言，整体性保护意味着对营造技艺本体进行全面保护，即包括设计、建造、技术、工艺等各个方面。中国古代建筑的设计与建造是一个整体的两个方面，不可分割；不像现在，设计与施工已经完全是两个不同的专业领域。"营造"一词中的"营"，之所以与今天所说的建筑设计有差异，主要在于它不是一种个体自由创作，而是一种群体性、制度性、规范性的安排，是一种集体意志的表达，同时本质上也是一种技艺的呈现形式。其实，任何一种手工技艺都含有设计的成分，有的还占据技艺构成的重要部分，如青田石雕、寿山石雕等。相比之下，营造方面的"营"包含的设计内容更为丰富，更为复杂。

对营造技艺的全要素进行整体性保护，需要打破物质与非物质、动态与静态、有形与无形的界限，正确认识它们之间的相关性。它们常常是一枚硬币的正反面，保护一方面的同时不应忽略另一方面。虽然我们现在强调的是针对非物质文化遗产的保护，但随着对文化遗产整体观认识的不断深化，我们必然会迈向文化遗产整体保护的层面，特别是针对营造技艺这类本身具有整体性特征的遗产对象。整体性保护与活态性相关，即整体保护中涉及活态（动态）与静态保护的有机统一。这里的活态保护主要不是指传承人保护，而是强调一种积极的介入性保护手段，即将保护对象还原到一个相对完整的生态环境中进行全面保护，这需要我们在一定程度上打破禁锢，解放思想，进行创新。现在有很多地方尝试进行一定的活化改造，即集中连片或成区片地整体保护传统街区、村落、古镇，同时保护与之相关的自然与人文生态，包括原有的地域性生活样态，如绍兴水乡、北京南锣鼓巷街区、川（囊）底下古村落等，都在力争保持或还原固有的风貌、风情、风俗，这是一种生态性的整体保护策略，是整体保护理念的体现。

在理论探索的同时，营造技艺的保护实践也在逐渐系统化和科学化，各保护单位和社会团体总结出了诸如抢救性保护、建造性保护、研究性保护、展示性保护、数字化保护等多种方式。

抢救性保护主要指保护那些因自身传承受到外部环境冲击而难

以为继，需外力介入才能维持存续的项目，其保护工作主要包括对技艺本体进行记录、建档、录音、录像等，对相关实物进行收集整理或现状保存，对传承人进行采访，系统整理匠谚口诀，建立工匠口述史档案，给生活困难的传承人以生活补助或改善其工作条件，等等。

建造性保护是非遗生产性保护的一种转译，传统技艺类项目原本都是在生产实践中产生的，其文化内涵和技艺价值要靠生产工艺环节来体现，广大民众则主要通过拥有和消费其物态化产品来感受非物质文化遗产的魅力。因此，对传统技艺的保护与传承也只有在生产实践的链条中才能真正实现。例如，传统丝织技艺、宣纸制作技艺、瓷器烧制技艺等都是在生产实践活动中产生的，也只有以生产的方式进行保护，才可以保持其生命力，促使非遗"自我造血"。相对一般性手工技艺的生产性保护，营造技艺有其特殊的内容和保护途径，如何在现有条件下使其得到有效保护和传承，需要结合不同地区、不同民族、不同级别的文化遗产项目进行有针对性的研究和实践，保证建造实践连续而不间断。这些实践应该既包括复建、迁建、新建古建项目，也包括建造仿古建筑的项目，这些实质性建造活动都应进入营造技艺非物质文化遗产保护的视野，列入保护计划中。这些保护项目不一定是完整的、全序列的工程，可能是分级别、分层次、分步骤、分阶段、分工种、分匠作、分材质的独立项目，它们整体中的重要构成部分都是具有特殊价值的。有些项目可以基于培训的目的独立实施教学操作，如斗拱制作与安装，墙体砌筑和砖雕制作安装，小木与木雕制作安装，彩画绘制与裱糊装潢，等等，都可以结合现实操作来进行教学培训，从而达到传承的目的。

研究性保护指的是以新建、修缮项目为资源，在建造全过程中以研究成果为指导，使保护措施有充分的可验证的科学依据，在新建、修缮项目中和传承活动中遵循各项保护原则，将理论与实践相结合，使各保护项目既是一项研究课题，也是一个检验科研成果的实践案例。

实际上，我们对每一项文物修缮工程或每一项营造技艺的保护工程，在实施过程中都有一定的研究比重，这往往包含在保护规划、保护设计中，但一般更多的是为了满足施工需要，而非将项目本身视为科研对象来科学系统地做相应的安排，致使项目的宝贵资源未得到充分的发掘和利用。在研究性保护方面，北京故宫博物院近年启动了研究性保护的计划，即以"技艺传承、价值评估、人才培养、机制创新"为核心，以"最大限度保留古建筑的历史信息，不改变古建筑的文物原状，进行古建筑传统修缮的技艺传承"为原则，以培养优秀匠师、传承营造技艺、探索保护运行机制等为基本目标，探索适合中国国情的古建筑保护与技艺传承之路。

随着第五批国家级非物质文化遗产代表性项目名录推荐项目名单的公示，又将有一批营造技艺类保护项目入选名录，相应的研究和出版工作也将提上议事日程，期待"中国传统建筑营造技艺丛书"第三辑能够接续出版，使我们的研究工作即便不能超前，但也尽力保持与保护传承工作同步，以期为保护工作提供帮助，为民族文化遗产的传播做出切实的贡献。

刘　托

2021年1月27日于北京

目　　录

第一章
维吾尔族传统民居源流

第一节
营造技艺缘起

　　新疆自古以来就是一个多民族聚居和多宗教并存的地区,是中国统一的多民族国家不可分割的组成部分。新疆地处中国西北边陲、亚欧大陆腹地,既是古丝绸之路的重要通道,也是东西方文化交流的枢纽,有着丰富的历史文化遗产。丝绸之路新疆段保存了以古建筑、古城址、古墓葬为主的大量古代遗存,这些古代遗存记述了新疆政治、经济、文化、民族、宗教等方面的重大历史事件。

　　新疆古称"西域",历史悠久,公元前138年,汉武帝派张骞出使西域,西汉政权与西域各邦建立了联系。公元前60年,西汉政权在乌垒(今轮台县境内)设立西域都护府,自此西域正式列入汉朝中央政府版图。魏晋南北朝是中国各民族大融合时期,当时各民族迁徙往来频繁,佛教十分兴盛,佛教沿着丝绸之路向东传播,影响至东亚文化。隋时,中央政府加强了对新疆的统治,从突厥人手中夺取了西域东部,又灭吐谷浑,把行政区扩大到今若羌、且末和青海湖西、兴海县东一带。贞观十四年(640年),唐军占领高昌,于该地设西州,又于可汗浮图城(今吉木萨尔北)设庭州;同年在高昌设安西都护府,后迁至库车,改置为安西大都护府,统安西四镇——龟兹、疏勒、于阗、碎叶(今吉尔吉斯斯坦的托克马克市),辖境相当于今中国新疆及哈萨克斯坦东部、吉尔吉斯斯坦北部楚河流域。840年,漠北回纥人西迁西域,并与当地的居民互相融合,建立高昌、喀喇汗王朝等地方政权。两宋时期,回纥人落居西域,其建立的地方政权与中原王朝关系十分密切,喀喇汗王朝的统治者自称"桃花石汗",意即"中国之汗",表示自己是属于中国的。1206年,蒙古国建立,1271年定国号为元,当时西域大部分地区为成吉思汗次子察合台的封地即察合台汗国。元朝在今伊犁河流域曾设置阿里麻里(阿力麻里)行省,但不久就并入察合台汗国。明朝政府为了统辖西域管理,特设哈密卫,哈密卫是明朝政府管理西域地区的最高行政和军事机构;清时,为了使新疆长治久安,在左宗棠的积极倡导下,清政府于光绪十年(1884年)发布新疆建省上谕,正式建省,刘锦棠被任命为首任新疆巡抚,实行与其他省一样的行政制度,由巡抚统管新疆各项军政事务,省会也由伊犁迁至迪化(今乌鲁木齐),新疆分为四道(镇迪道、阿克苏道、喀什噶尔道、伊塔道),道以下设6府、10厅、3州、21个县,2个分县,至此新疆行政建制完成。新疆建制是清政府治理新疆的一次重大改革。1949年新疆和平解放,1955年10月1日成立新疆维吾尔自治区,首府设在乌鲁木齐市。

中国先秦古籍中有大量关于西域的记载和传说,这恰好与现在在中原地区墓葬中出土的西域玉石制作的陪葬品相互印证。从考古发掘情况来看,在距今约1万年前的旧石器时代晚期,新疆已有人类活动的痕迹。新石器时期甚至更早,新疆已开始营造聚居的建筑群,这可通过诸多新疆人类聚居处遗留下来的一些石人、石墓、石器、岩画和人与动物的遗骸等进一步得到证实。

新疆古代城址分布区域广阔,类型多样,自然环境各异。天山以南环塔里木河两岸和吐哈盆地地区以绿洲城市为主,而天山以北地区草原城市则较多。新疆古代城市主要分布于新疆东部的吐鲁番地区,如高昌故城、阿萨古城遗址、交河故城、柳中城遗址,哈密地区的大河古城、巴里坤满城遗址、拉甫却克古城,乌鲁木齐的乌拉泊古城,吉木萨尔的北庭故城遗址等。分布在南疆的和田地区有尼雅遗址、安迪尔遗址、麻扎塔格戍堡址、丹丹乌里克遗址和喀拉墩遗址,喀什地区的托库孜萨来遗址、石头城遗址,阿克苏地区有龟兹故城、乌什喀特古城遗址、阔纳齐兰遗址,巴州(巴音郭楞蒙古自治州)的楼兰古城遗址、罗布泊南古城遗址和米兰遗址,北疆的伊犁地区有夏塔古城遗址、惠远古城等。

这些原始城市早期平面以圆形或不规则的形状为主,随着丝绸之路的开通以及东西方文化交流的扩大,宗教建筑布局逐渐影响城市布局,城市布局逐渐走向正规,慢慢出现了长方形、正方形等对称布局,也有圆形和方形相结合的形制。这些城市的营造和兴衰与丝绸之路新疆段的地理环境具有重要的关系。由于塔里木盆地对环境的依赖性很强,周边环境的变化直接影响城市的兴衰,如一度繁华的汉代尼雅古城在周边沙漠化、水系干枯后,在3世纪左右逐渐消失。

有些城址如尼雅遗址、楼兰遗址、安迪尔古城等,由于大多数地处沙漠腹地或山区荒漠地带,自然环境十分恶劣,保存状况较差,周边环境直接影响城市发展,原住民往往迁移他处。吐鲁番交河故城地处中原通往西域的要道,一直是进入西域的重要门户。在高昌佛教极度繁荣之时,城内修建了众多宗教建筑。当时,高昌建筑技术空前发达,砌筑技术得到发展,但元时毁于战火,目前仅看到城内民居或寺院的布局样式和墙体做法,除早期窑洞式民居以外,其他建筑均无屋顶形式。高昌故城作为西域最大的城市,现在城市内外城墙依然保存完好,城内还保存了大佛寺、可汗堡、佛塔、窑洞式民居建筑等,但由于长期作为耕地使用加之后期被废弃,城内大部分建筑已被毁,变成平地,无法辨认原城市布局和房屋原址。

新疆城市文化历史悠久。从现存古城遗址来看,西域在史前时期成为游牧民族大迁移的舞台,匈奴、月氏等族在蒙古高原、塔里木盆地、准噶尔盆地之间活动。西汉时期丝绸之路的开通,塔里木盆地周边地区居民接受东西方文化,丝绸之路沿线城市规模开始扩大,功能逐渐完善。天山以北的草原文化保持原貌,人们逐草而居,逐渐迁移至塔里木盆地,一直到元代才有伊犁河谷的阿力麻里城和达拉特古城。到清代时,为了巩固边疆,两次修建惠远古城,中原城市建造理念延伸到天山以北地区。汉代前后,塔里木绿洲周边城市进入高度发达时期,当时营建的交河、尼雅和喀什等城市,仅喀什市一直保存至今,其他两座城市分别于公元3世纪和元代时先后被废弃。

新疆民居作为新疆地域性乡土建筑文化的典型代表和宝贵遗产,伴随"西部大开发"这一经济战略的实施,其所具有的历史价值、文化价值、艺术价值与生态价值越来越受到重视。在新疆民居中,以维吾尔族民居为代表,其因独特的人文背景与自然背景而产生了别具一格的建筑形式。新疆地域辽阔,南北地区无论是在气候、地形、地貌上,还是在民俗风情方面都有很大差异,因此,民居形式也有很大差异,有着诸多不同的民居类型。总的来说,新疆民居主要有吐鲁番的上屋下窑式、喀什的封闭院落式、伊犁的花园式以及和田的阿依旺式等,这些民居无论是在造型、取材,还是在构筑技术方面,都与其地域气候、经济文化紧密结合,表现出强烈的乡土文化气息,对今天的新疆地区建筑有很大的借鉴意义。

新疆和田地区位于新疆南部,南为连绵的喀喇昆仑山脉,北临塔克拉玛干沙漠。和田地区气候干热少雨,气温高,蒸发量大,月降水量小,日照时数长,多飓风,年大风日数多。沙暴日是和田地区和南疆一带的特殊气候,维吾尔族居民在此种气候的影响下,多将民居建造成封闭型、内院式的平面布局,并以半开敞的阿依旺式为中心,其他房间四周环绕布置,这种构建方式能有效抵挡风沙的袭击,并形成了一个封闭式共享活动空间,成为阿依旺式住宅中最为典型的空间类型。尼雅遗址(图1-1)是丝绸之路南道、塔克拉玛干沙漠南缘现存规模最大的聚落遗址群,该遗址的发现既为研究新疆原始民居建筑、中原王朝与西域各邦的关系,也为研究东西方文化交流和丝绸之路提供了珍贵资料。

喀什为国家历史文化名城,古丝绸之路南道上的要冲重镇。喀什历史文化积淀深厚,是东西方文化交融之地,在国内外具有很大影响力。喀什老城区是维吾尔族民居的荟萃地,如图1-2所示。老城区民居基本为一至两层,材料以土木为主,部分沿街布置商铺。家家都有晾台平屋顶,每户都有不大的庭院,用于养花或置放盆景。盆景、鲜花与建筑物廊柱、木雕、挑檐上的各色花饰交相辉映、错落有致,环境幽静清新。

吐鲁番市位于新疆中东部,是东西方文化、古代四大文明的交汇点,古丝绸之路上的重镇,有着多年的文化积淀,曾是西域政治、经济、文化中心之一。

新疆地区文化遗产众多,从最早的交河故城,到高昌故城、坎儿井、苏公塔、维吾尔族古村落,现已发现文化遗址200余处。高昌故城(图1-3)城墙所采用的夯筑技法是我国目前保存下来夯土筑城的重要实例。

高昌故城大部分城墙采用黄土夯筑而成,墙体内部含有细碎石粒,其配比类似现代的混凝土材料。城中建筑规模宏大,其构筑技法大致可分为4类,即夯筑法、土坯砌筑法、开凿窑洞法及混合法,这些构筑技法表明当时的营造技术已经达到较高水平。高昌故城城墙大部分采用人工版筑夯土夯筑而成,而且夯土层层次清晰,土层夯筑均匀紧密,墙体收分合理、明显,墙体表面布有夯筑时留下的桁木孔。受气候、自然环境影响,在抵御风沙的过程中,当地居民创造了规避、顺引的以生土为建筑材料的居住建筑,这种建筑能任凭风沙肆虐仍岿然不动。为抵挡炎热,当地居民还创造了荫蔽、凉爽的建筑布局,他们就地取材,创造了独具匠心的营造工艺,建筑群体组合自然合理,邻里关系和谐,构成了虽粗糙却简洁、宜人的居住环境。另外,吐鲁番地区部分维吾尔族传统民居的梁柱、门窗、装饰构件等还保留着许多中原汉式

图1-1　尼雅遗址(图片来自《新疆文化遗产》)

图1-2　喀什老城区

图1-3　高昌故城遗址(图片来自《新疆文化遗产》)

建筑文化的特征。

伊犁地区气候宜人、物产丰富，伊犁历史上曾是古丝绸之路北路段上的重镇，也是东西方文化、游牧和农耕文化、多民族文化、宗教文化等多元文化交汇的典型地区，同时还是新疆近现代世居民族形成过程的突出代表地，有着"塞外江南"的美誉。伊宁市是近现代新疆接受西方现代文明传播的承接地之一。清政府统一西域后，于1762年在伊犁设立了"总统伊犁等处将军"（简称"伊犁将军"），作为当时新疆最高行政和军事长官，统辖天山南北各路驻防城镇及当时归附清政府的中亚和哈萨克各部。尔后在伊犁将军所在地——伊犁河谷开始了大规模的开发建设，最著名的就是修建"伊犁九城"。其中，惠远城既是伊犁将军驻地，又是当时新疆政治、军事中心。惠远城的城市布局严格按照汉式里坊制设置，它是我国中原城市文化的向西延伸。目前，惠远城新老城墙、将军府、钟鼓楼、衙署等建筑保存完整，具有重要的政治和文化意义。

伊犁地区的维吾尔族于清时迁入，在迁入伊犁之初，他们的居住建筑保留了喀什地区的民居风貌，但伊犁地区的良好气候使其建筑布局上逐渐摆脱了喀什地区民居封闭或半封闭的状态，多改用"一"字形或曲尺形进行处理，院落也依用地的大小，分为前院和后院，其庭院的四区分得更为清晰。房间布局仍以"沙拉依"式基本单元为基础"一"字形舒展排开，厨房并不一定和居住建筑连在一起。后期，受俄罗斯建筑的影响，出现了高台基和带有厚重砖雕檐口的坡屋顶，以及扶壁柱、门窗楣、檐廊、华丽的院门等，形成色彩鲜艳、独具特色的建筑形态。伊犁地区房屋基本格局是喀什院落式建筑的延续与俄罗斯建筑文化的融合。

维吾尔族民居在新疆分布极广，除上述地区外，尚有巴音郭楞蒙古自治州、克孜勒苏柯尔克孜自治州、阿克苏地区、哈密地区和伊犁地区以北的塔城、阿尔泰一带，这些地方的民居建筑既与上述地区有共同之处,亦有自己独有的特征,它们的不同主要表现在柱头雕刻、柱式截面、勒脚线条的处理、门窗分割等方面。

目前,新疆有国家历史文化名城5座,即喀什市、吐鲁番市、特克斯县、库车市[①]、伊宁市。自治区级历史文化名城6座,即巴里坤县城、吉木萨尔县城、莎车县城等。中国历史文化名镇3处,即鄯善县鲁克沁镇、霍城县惠远镇、富蕴县可可托海镇。中国历史文化名村4处,即鄯善县吐峪沟乡麻扎村、哈密市回城乡阿勒屯村、哈密市五堡乡博斯坦村、特克斯县喀拉达拉乡琼库什台村。中国历史文化街区两处,即库车市热斯坦历史文化街区、伊宁市前进街历史文化街区;自治区历史文化街区15处,历史建筑265个。如图1-4所示为伊宁老城六星街历史文化街区。

在历史的长河中,维吾尔族民居营造技艺源远流长。维吾尔族传统民居建筑在此历史背景下,不断吸纳中原文化及新疆境内其他民族的建筑优势,并结合所处地域的自然条件和气候特点,利用当地物产资源,营造出独特的维吾尔族民居建筑。

图1-4　伊宁老城六星街历史文化街区

---

① 2019年,经国务院批准,同意撤销库车县,设立县级库车市。

第二节
营造技艺的发展

　　新疆地域宽广,其面积约占中国国土总面积的六分之一,是中国不可分割的一部分。新疆深入欧亚大陆的中心区域,周边与俄罗斯、哈萨克斯坦、吉尔吉斯斯坦、塔吉克斯坦、巴基斯坦、蒙古、印度、阿富汗等8个国家接壤。新疆地形复杂多变,自北而南,分别有阿尔泰山脉、天山山脉、昆仑山脉、阿尔金山脉。新疆南北疆地区的划分以天山山脉为地理界线,天山以南地区为南疆,以北地区为北疆。三山之间便是两大盆地,即位于南疆的塔里木盆地,位于北疆阿尔泰山脉和天山山脉之间的准噶尔盆地,另外还有位于新疆东部天山南侧的吐鲁番盆地。新疆的河流大多属内流河,水源即来自高山冰川的"固态水库"。当季节冷暖交替时,融化的雪水便顺坡而下,积水成湖(有的也消失在沙漠中),湖泊大多为咸水湖。新疆地区凡山脉和盆地交接带多绿洲,成为能够垦殖的农田,故而新疆的城镇、乡村等大小居民点多分布在山麓和盆地连接处的绿洲地区。

　　独特的地理位置和地形条件,形成了新疆夏季炎热、冬季酷寒的气候特点,新疆春、秋两季极短。从自然环境方面来看,新疆地处内陆,远离海洋,属极端干燥的大陆性气候,具有炎热、干燥、少雨等基本的内陆气候特征。其中,南、北疆气候差异较大,北疆气候较为寒冷、干燥;南疆冬冷夏热,风沙大,日夜温差显著。新疆地形复杂多样,其中沙漠和戈壁约占48%，山地约占40%，绿洲不足10%。维吾尔族民居类型多样，无论是在平原绿洲、河谷草原，还是在高原山地、荒凉戈壁和沙漠深处，维吾尔族人都能因地制宜、因材构架，建筑起自己的生活空间，营造出适宜的居住环境。

维吾尔族是典型的游牧狩猎部落，他们在公元8—9世纪由漠北草原迁往今塔里木盆地绿洲，他们与当地的汉人、羌人、吐鲁番人，以及后来陆续迁入的契丹人、蒙古人等长期融合，逐渐形成了今天的维吾尔族。因此，维吾尔族传统民居建筑文化具有人口变动繁复、多种族混合及生活环境迁徙流变所形成的复杂而独特的社会与历史背景。

新疆在地理位置上连接东亚、南亚，具有重要的交通枢纽的地位，在历史上一直是战略要地。从人文环境上来说，新疆东部与华夏文明的西缘河西走廊接壤，西部与西亚文明边缘的波斯交界，南部则是印度文明边缘的犍陀罗佛教文化中心，这些使得新疆成为东西方文明的汇集中心与十字路口，这种文化地理特征又因为古代丝绸之路的横贯东西以及其所产生的丝路文明而得到进一步加强。丝绸之路作为重要的文化交流传播媒介，不仅担负着东西方文明交流的重任，更使新疆也成为各种风格迥异的文化荟萃之地。因此，维吾尔族民居的社会背景便显得更为辽阔深远，整个西域文化与发展也愈加为世人所瞩目。

民居是维吾尔族人生活的基本环境空间，是家庭的基本单元，是一家人最稳定的朝夕相处的生活空间。对于生活在景观色彩单调的沙漠戈壁中的人来说，他们喜欢让家居与当地恶劣环境形成对比。因此，维吾尔族民居相比其他民族民居更重视室内色彩、室内装修、家居陈设与家居饰物的选择，即更具艺术性。

维吾尔族是我国新疆维吾尔自治区的主体民族，天山以南的南疆是维吾尔族主要的聚居区。维吾尔族传统民居按分布的地理位置不同，可分为沙漠戈壁上的民居建筑、山地的民居建筑、炎热地区的民居建筑、绿洲地区的民居建筑和草原上的民居建筑等5种建筑类型。和田地区位于塔里木盆地南侧,传统村落主要分布在河流周边地区。这里地处沙漠腹地,土质沙性重,黏结力差,居住的房子多用树干、枝条、茎叶、沙土建造。人们用较粗的树木做柱和梁,用树枝或板条做成框架构成横向结构,这些木材的竖横节点或卯榫,或用钉子钉牢,或用皮或草制的绳子绑扎加固。墙体的维护部分用芦苇秆、柳树枝或红柳条编成篱笆填充捆绑在柱框之间作为房屋内外墙,当地人称笆子墙,笆子墙式民居代表了沙漠戈壁地带典型的居住形态。

在新疆山区,水流经过之处或是丛林草甸之地,还生活有不少分散的居民,这里的民居建筑通常有木屋和石屋两种形式。草原上的民居建筑主要是毡房,草原上的牧民为了逐水草而居,常随着气候和饲草的盛衰情况,搬移居地,毡房是为搬迁和搭建方便而总结出来的建筑方式。炎热地区的民居建筑最典型的是吐鲁番地区的民居村落,人们就地取材,把天然黄土,通过掏、挖、和、拌、垒、拱等方式,建造成生土建筑和土木建筑形式,如高昌故城和吐峪沟民居。其中,吐峪沟民居在布局上,整个村庄抱成一团,呈集中式布局,家庭院落多为内向半封闭式。绿洲地区的民居建筑主要分布在喀什、克州、阿克苏、巴州和伊犁州等地,目前在喀什、库车及伊宁等历史文化名城中仍保留有大量传统民居。其中,喀什地区民居以平屋顶庭院式布局为主;伊犁地区民居最明显的特征是,由于年平均降水量较多,屋顶多做"四坡顶""单坡顶",并采用高台基且带有厚重砖雕檐口、檐廊、华丽的院门等。

新疆地域广阔,各族人民均以新疆各地的草原和绿洲为其生活居住的首选地点。有些民族如汉族、维吾尔族、回族、哈萨克族的人数较多,分布的地域几乎遍布新疆,有些民族如塔吉克族、达斡尔族、锡伯族、塔塔尔族、俄罗斯族等就大部分集中在一个地区。这些民族除了保持本民族的居住习惯之外,为了适应当地自然条件,其住房和宅院的组合又表现出不同的形式。也有不同的民族因为从事生产的内容和方式相同,居住形式又表现出类同的情况。另外,还有同一民族民居的多种不同形式,如新疆南部和田地区民居属于"封闭式"、喀什地区民居属于"半封闭式"等。吐鲁番地区民居一般注意地下室或半地下室的建设,住房前设"高棚架",而伊利地区主要是"庭院式"的开放式布局。再还有不同民族采用相同的民居形式,主要是维吾尔族、哈萨克族、蒙古族、柯尔克孜族等,在草原上多采取哈萨克族的毡房和木屋等居住方式。满族和回族长期与汉族共同生活,多喜三合院和四合院,大部分与北方汉族民居相似。此外,人多地少、密集地区的民居,如喀什高台民居,当地人们往往采取加层再加层,甚至利用街巷公共地段架空建房,出现过街楼的情况。维吾尔族民居从新疆当地的自然、地理、气候条件出发,在建筑形制、构造等方面融入了更多的中亚及中原地区建筑元素,并将其浓浓的民族特色充分地展现出来。

一、基于建筑材料的营造技艺

日益工业化的现代社会中,传统民居建筑材料广泛被钢筋、水泥等现代建筑材料所代替,使民居建筑逐渐呈现全球化趋同的趋势,维吾尔族传统民居采用纯天然建筑材料构筑的典型的地域性特征也日渐弱化。建筑材料是营造之本,维吾尔族民居建筑始终遵循建筑材料的经济性、可靠性及简便易得等原则。维吾尔族民居建筑的材料大多以黄土为主,同时也较多使用石、砖、木作为墙体材料,室内墙面主要使用石膏以及草泥抹面等,木材则大多用于屋顶天花板、外廊木柱、门窗以及其他部位。维吾尔族民居在修筑中多就地取土,有种被维吾尔族人称为"色格孜"的土,质地细腻,黏性强,能经受长期的风蚀。随着社会发展及居民经济条件的好转,维吾尔族现代民居广泛使用现代建筑材料,绝大部分居民开始把原土木结构改为砖木或砖混结构,虽然其稳定性及安全性远远大于前者,但其直接的后果便是导致当地以生土材料为主的传统民居营造技艺难以传承下去。

二、基于平面布局的营造技艺

维吾尔族民居建筑平面布局根据使用对象、地域、环境的不同呈现出多样性,其每一种建筑平面布局都体现出以庭院为主的独特的布局特色。维吾尔族民居院落空间是比较自由的,建筑平面布局比较灵活。虽然民居的院落变化很多,但都是依靠主体建筑而修建的。作为民居,其主要功能无疑是居民居住的实用性和舒适性,维吾尔族居民在建造居住建筑时,通常会考虑把民居的内(外)部空间功能合理地结合起来。因气候差异性大,传统民居的院落及单体空间平面布局,在不同地区有所不同,如在南疆的喀什地区,主要以沙拉依、封闭式庭院和外廊式的平面布局为主;和田地区以阿依旺式(中庭式)为主;在吐鲁番地区,以窑洞式上下两层、封闭式庭院平面布局为主;在伊犁地区,则以建筑平面较为集中的庭院式布局为主。传统维吾尔族民居建筑营造方式用不同功能房间的空间布局很好地应对了恶劣的荒漠环境,是维吾尔族人宝贵的生态智慧的表现。在村落、庭院和建筑等3个层面,维吾尔族传统民居在合理用水、高效用地、节约用地,以及优化环境等方面的营造智慧,不仅有利于传统建筑文化的发展,而且对生态建筑理论的完善亦将大有裨益。

三、基于结构技术的营造技艺

维吾尔族民居以土木混合结构为主,这与当地的自然条件有着密切的关系。在建筑层数方面,维吾尔族传统民居多以1～2层为主,地基主要采用素土夯实,基础采用素土夯实或以砖、毛石夯实,墙体采用土坯墙,外廊及屋顶采用木结构。

各地另还有一些与气候性差异有关的营造方式,如和田地区是碱性沙质土壤,其建筑多以木结构为主,形成木骨泥墙营造体系。传统建造方式是先以石料作基础,再在其上放置木梁,梁上竖以立柱,柱间用篱笆墙,柱上架梁,梁上钉木椽,其上再铺芦苇(苇席、苇编)、麦草、草泥,屋面平顶略有倾斜。

炎热的吐鲁番地区民居多用窑洞式建筑结构。吐鲁番地区建筑的特点是将地下、地上两层建筑巧妙地结合起来,厚重封闭的墙体满足了当地生活需要冬暖夏凉的居住条件。底层是全生土拱形建筑,二层是土木结构平屋顶房屋。

喀什和伊犁一带民居多采用土木结构,其常以土坯砖(或少量的黏土砖)作为墙体主要承重材料,以绿洲里生长的各种木材作为屋顶和外廊承重结构。这一建筑结构经过长期的传承,现在已经形成了成熟且具有地域特征的土木结构营造体系。

四、基于空间形态的营造技艺

建筑的空间形态往往会受到自然条件、当地民俗以及居民生活习惯等诸多因素的影响。维吾尔族传统民居具有显著的顺应自然的自由延伸的特点,在民居的庭院平面布局方面也体现出较大的灵活性,室内室外的设计布置均以实际的条件和应用为参考,对室内外的空间进行了充分而有效的利用,并没有受到对称理念等相关设计思想的束缚。这主要表现在建筑组群与街道空间、外向封闭的空间形式、"灰空间"、方正紧凑的空间布局、冬居室和夏居室的特定方位要求等方面。除此之外,对居室以外的空间,维吾尔族人也很用心地进行了设计,不仅做了外廊、棚架等"灰空间"用以获得荫蔽,还在院落中种植当地特有的桑树、苹果树、葡萄、花卉等植物以美化居住环境。

外廊式建筑布局在新疆是较为常见的一种建筑形态。这种建筑形态最大的特点就是在民居外增建宽大的外廊,它虽类似走廊,但功能绝非仅限于走廊,维吾尔族人常在廊内设置灶台,将这里作为家人餐饮、娱乐、休息的生活场所。一些大户人家的房屋则大多以回廊围绕。在新疆南部另有一种常见的建筑布局即封闭式庭院建筑,这种建筑形态最大的特点是它充分地利用了建筑空间。维吾尔族人为了节约土地,常通过向建筑上方延伸的方式来扩大居住空间,通常建造2~3层的小楼(主要在喀什等老城),同时配有回廊,而屋顶则作为晾晒的平台。这种建筑四面围合的庭院不仅有效抵御了风沙,而且保证了主人生活的私密性。

综上所述,新疆维吾尔族民居建筑不管是室内外平面布局还是不同功能的生活空间单元,都根据地域环境及家庭组织结构的不同呈现出多样性,且每一种建筑形态都体现出自身独特的营造特色。

第三节
营造技艺的传播

"城市"是人类走向文明的重要标志。城市的发展脉络与远古居民原有的意识有关,地方民居建筑营造技艺通常随着城市的发展不断发生变化。根据新疆青铜时代考古资料及现存古城遗址推断,早在公元前塔里木盆地已有完整的古代城市,如位于吐鲁番的高昌故城始建于公元前1世纪,于元末明初荒废,历时1400余年;楼兰古城是古代西域重镇,它东通敦煌,西北到焉耆、尉犁,西南到若羌、且末,古代丝绸之路的南、北两道从楼兰分道。据《史记·大宛列传》和《汉书·西域传》记载,早在2世纪以前,楼兰就是西域一个著名的"城郭之国"。在历史长河中,各族人民在新疆这片神奇的土地上共同创造了辉煌的文化,这些古代城市留下的文化遗产既是世界文化宝库中的瑰宝,也是各民族共同缔造的历史见证,其独特的建筑营造技艺仍在不断传承着。

维吾尔族传统民居作为新疆地域性乡土建筑文化的代表和宝贵遗产,其所具有的科学价值、历史价值、文化价值、艺术价值和生态价值越来越受到重视。新疆是受东西方文化影响较深的区域,维吾尔族民居在发展和传播中也受到周边地区文化的影响,具体来说,主要有以下一些特征。

(1)维吾尔族民居建筑营造技艺在传播过程中,经历了多种文化的更替和消亡。这种发展路径基本上是维吾尔族民居"原生态"的延续,多见于一些乡村偏远地区。

(2)建筑传统的材料、工艺,以及与环境的联系方式,不同程度地表现出维吾尔族民居的要素或风格。维吾尔族民居营造技艺体现出一定的地域特征,对其他民居起着某些影响或催化作用。

(3)民居形式由单一发展到多种。主要有沙漠戈壁上的民居、山地民居(木屋、石屋)、炎热地区的民居建筑和绿洲地区的民居建筑等。

(4)民居建筑有明确的内外秩序,构件类型及装饰具有标准化、精确化等特点。维吾尔族民居建筑装饰中三雕题材和内容较突出,木雕、砖雕、石膏雕纹样图案化、几何化。建筑装饰上的三雕艺术水平与工匠技艺水平具有密切联系。

(5)民居以传统建筑形态为"体",吸收了若干新建筑的因素。部分维吾尔族民居建筑是在与西方文化不断碰撞协调过程中完成的。维吾尔族民居营造技艺的主要特点是"多元化",主要表现为一个民族民居的多种形式和多个民族民居的相同形式。

　　维吾尔族民居建筑跟其他民居建筑一样,是从自然中成长起来的建筑,是人工和自然的完美结合。在中国,目前还有很多人居住在生土建筑中,从新疆维吾尔族的平顶土坯民居、藏族的"外不见木,内不见土"的堡垒式民居,到云南彝族的土掌房、丽江纳西族的生土民居,等等。这些民居由于各地气候、文化等的不同,其表现形式也多种多样,均有不可抗拒的艺术魅力。维吾尔族民居巧妙结合地形,与自然条件紧密相融,其视觉艺术的魅力是不容否定的,它包括装饰的因素、质感的因素、体量的因素等,这些是需要我们继承和发扬的。现在有一些地方居民开始盲目模仿城市住宅建起了简易的砖混房屋,这在一定程度上对地域文化造成了较大的破坏。实际上,生土材料是一种适用性极强、能发挥多种效益并有着广阔发展前景的生态建材。近几年,人们通过现代设计理念、现代技术和建造方式,逐渐突破传统生土建筑的狭隘领域,生土建筑的室内外环境有所改善,打破以往存留在人们思想中"土房子就代表贫穷和落后"的错误观念,代之以健康向上的理念。概括来说就是,现代生土建筑在继承和发扬地域文化传统的同时,切实提高了广大居民的居住生活质量。

第二章
维吾尔族传统民居的地域分布与环境影响

第一节
地 域 分 布

维吾尔族在新疆的聚居地很广,主要分布于天山以南,塔里木盆地周围的绿洲是维吾尔族的聚居中心,其中尤以喀什噶尔绿洲、和田绿洲及阿克苏河、塔里木河流域最为集中。天山东端的吐鲁番盆地,也是维吾尔族较为集中的区域。另外,天山以北的伊犁谷地和吉木萨尔、奇台一带,也有为数不多的维吾尔族人定居。

维吾尔族民居因其所处地域及社会环境的不同形成不同的民居类型,主要有和田民居、喀什民居、阿克苏民居、吐鲁番民居和伊犁民居等5类民居形式。这些民居形式均有较为集中的民族居住区,这些地区的民居保存得较好,并影响到周边地区其他民居。维吾尔族人凭着自身拼搏的精神和探索精神,在平原绿洲、高原山地、河谷草原、沙漠戈壁等处,就地取材,建造自己的生活空间,营造适宜的居住环境。

新疆早期村落或城镇聚落大多没有事先规划,多是自发形成的。它们有的以涝坝为中心,有的以溪流为依傍,还有的以谷地为居住点营造,自然地延伸扩展开,这在一定程度上使得其街巷很少有端直不曲折的,其宽度通常在3~5米,仅仅容得下畜力车通行。

目前,喀什市、吐鲁番市、库车市、伊宁市、莎车县等历史文化名城,鄯善县鲁克沁镇、鄯善县吐峪沟乡麻扎村、哈密市回城乡阿勒屯村、哈密市五堡乡博斯坦村等历史文化名镇、名村,库车市热斯坦历史文化街区、伊宁市前进街历史文化街区等地都保存有原始风貌及空间布局相对完好的、具有地域性特征的维吾尔族传统民居。

喀什作为新疆维吾尔自治区第一批国家历史文化名城,在国内外具有很大影响力,其最初位置目前基本没有变。喀什老城区是维吾尔族民居的荟萃地,多见高台上盖起2～3层土木结构的小楼,有的向下延伸,建成地下室。就空间布局而言,喀什老城区迷宫式街道、过街楼、沿街商铺、古老清真寺、早期公共建筑(学校、商店)等具有浓郁的西域特征。总的来说,喀什老城区在新疆诸多历史文化名城中面积最大、保存优秀民居最多、街区特色最为明显。

库车历史上曾是联系和沟通亚欧大陆的桥梁,中西文化在这里交汇,有着悠久的历史文化和丰富的人文遗产。龟兹(以今天的库车地区为中心)在汉朝时期就是西域三十六国中的大国之一,汉代的"西域都护府"和唐朝的"安西都护府"都设置在龟兹,其是当时中央政府统辖西域的政治、经济、军事、文化和商贸中心。库车历史文化名城内的街道与喀什老城区空间布局有所不同,通常没有过街楼,民居布局延续喀什式民居做法,部分民居建筑图案融入了中原建筑纹饰图案。

伊宁市历史悠久,文化底蕴丰厚,历史遗存丰富,城市传统格局保存完整,民族文化特色突出。伊宁市现有阿依墩街、前进街、伊犁街、六星街等4处历史文化街区,其中,房屋与院前溪渠、大门、屋顶等是伊宁老街区的最大特征。伊宁市传统房屋基本布局是阿依旺式建筑的复杂化和延续,其外装修、砖雕、门窗等还带有苏式建筑特征。

莎车县位于丝绸古道上,一度是古丝绸之路南道上的要冲重镇,历史文化积淀深厚,是东方文化与西方文化交融之地。老街区民居基本为1～2层,材料以土木为主,沿街布置商铺。其传统民居建筑形式与喀什、库车阿依旺式民居基本相同。

除此之外,吐峪沟(图2-1)、鲁克沁等历史文化名镇、名村具有原始生态村落特征,文化特征突出,室内装饰等受到中原文化的影响,房

图2-1　吐鲁番市吐峪沟村

屋布局和结构延续了西域佛教文化诸多要素。

第二节
自然环境的影响

　　新疆地形复杂多变,大起大落,自北而南有阿尔泰山脉、天山山脉、昆仑山山脉。其中,天山山脉横跨新疆中部,将自治区划分为北疆、南疆两个地理区域。三山之间便是两大盆地:位于南疆的塔里木盆地中的塔克拉玛干沙漠是我国最大的沙漠区,也是世界第二大流动性沙漠,位于北疆阿尔泰山脉和天山山脉之间的准噶尔盆地中的古尔班通古特沙漠为我国第二大沙漠,这样就形成了通常说的"三山夹两盆"的新疆地形总概貌。在三大山系中,还有许多小山脉及反映荒漠地质景观的山间盆地,诸如伊犁盆地、哈密盆地、焉耆盆地、吐鲁番盆地等。这里值得一提的是,位于新疆东部天山南侧的吐鲁番盆地,吐鲁番盆地有低于海平面154米的我国陆地最低点,这里聚热迅速,降水极少,夏季漫长而炎热,是极度炎热干旱的地方,有"火洲"之称。

连绵起伏的、众多海拔在雪线以上的雪岭冰峰,形成了新疆丰富的冰川系统,新疆冰川约占全国冰川面积的43%。新疆属典型的大陆性干旱和半干旱气候,独特的地理位置和地形条件,形成了新疆夏季炎热、冬季酷寒,春秋两季极短,季节气温变化极快等特点。

新疆维吾尔族传统民居是当地人们根据地理气候、历史沿革、审美习俗等因素创造出的符合当地地域环境的原生态民居。维吾尔族民居有各种不同形式,体现了新疆少数民族建筑的历史、艺术、科学、社会、文化等多重价值。

今天,当我们以视觉文化的目光对阿依旺式民居进行审视时,就会发现,它和当地的社会文化形态是紧密联系在一起的。阿依旺式民居主要分布于南疆,以和田、喀什地区为多,和北疆的草原文化相比,南疆属于典型的绿洲文化,这里有广袤的沙漠,天气干热,最高温度在40°左右。这种干热的沙漠天气常常伴随着强烈的沙尘暴,当地人习惯把这种天气叫作"扬沙天气"。在南疆和田地区,每逢沙尘暴时,大风就把沙漠中的沙土吹到高空中,尘土悬浮在半空中,使得天色昏暗,犹如大雾一般,能见度也极低,"几米之外,就不见物,在室外活动一会儿,就满身尘土"。事实上,也正是这种严酷的气候和生存条件,才使得南疆和田、喀什和楼兰一带的人们在居住环境方面因地制宜、就地取材,从而创造出了适应上述气候条件的建筑形式——阿依旺式民居。

维吾尔族民居顺应气候变化,在布局上因地制宜,建筑形式多样。在吐鲁番地区采用高棚架式,便于遮阳防热;在和田地区采用阿依旺式,可以防风避沙;喀什、库尔勒和阿克苏地区采用庭院式,利于防寒避暑;伊犁地区则为花园式,室内外空间融为一体,充分利用舒适的气候调节。维吾尔族民居是人们在长期的生产生活中形成的顺应自然、适应自然、与自然和谐共处的朴素理念中创造出来的、适于当地气候与环境特点的独特居住建筑景观。

| 一、和田地区维吾尔族民居 |

新疆最南部的和田地区,位于塔克拉玛干大沙漠的西南边缘,那里干旱少雨,风沙频繁。维吾尔族人为了避免风沙对居住环境的干扰,在民居建筑上采用了严密的闭合形式的房间布局,整个宅院大体分为3个部分:一为带有阿依旺的主建筑,二为建筑外侧的庭院,三为畜圈、杂棚。主建筑平面为方形,只有一门作为出入口,内庭较小,门窗均开向内庭,外墙无窗。在内庭上部加盖封顶,可避免风沙倒灌内庭上方,顶盖突出于四围建筑的屋面之上,并在其侧向装置可启闭的窗户,起到采光和通风的作用。建筑的平面、空间布局特点是以一个中央内厅为中心,四周布置所有用房,当地人将这种形式称为"阿依旺"。新疆维吾尔自治区和田地区申报的"维吾尔族民居建筑技艺(阿依旺赛来民居营造技艺)"于2011年成功列入国家级非物质文化遗产名录,这对传承和保护这一古老的建筑艺术将会起到积极的作用。如图2-2所示为和田地区维吾尔族民居分布。

图2-2　和田地区维吾尔族民居分布

二、喀什地区维吾尔族民居

　　喀什地区虽春夏多风沙、浮尘天气,但绿洲连片,气候较为温和,其房间的组合不需围合得那么严密。在这里,完全封闭的阿依旺逐渐被四面围合的无顶内庭院取代,即其某一侧能与外部空间互相交流。庭院内种植花草树木,搭建葡萄架,还设置"苏帕",供人盛夏时节避暑乘凉。由于一面开放,所以建筑两端的指向和长短亦可自由,这使得其得以从和田地区民居内庭呈四方形的规制中解放出来。总体来说,喀什民居中传统的"L"形、"U"形和一字形围合的庭院较为常见,也有一些天井式的布局。放眼望去,喀什民居彼此紧靠、相互依存,形成了较为密集聚合的格局特点。由于喀什附近各县的城区较小,尤其是喀什市区因人口较多,用地紧张,故建筑慢慢竖向发展,下挖地下室或加建楼房,甚至出现街巷上部因楼房相连形成过街楼的现象,形成灵动流通的空间意趣。密集布局民居可以有效减少建筑外立面受热面积,从而最大限度减少室内外空气通过墙体发生的热量传导。喀什聚落民居中的巷路狭长曲折、路网错杂,客观上得到了降低风速、减轻沙尘危害与改善人居环境的效果。如图2-3所示为喀什老城区。

图2-3　喀什老城区(菇克亚摄)

25

三、阿克苏地区维吾尔族民居

阿克苏地区(别名白水城)是新疆下辖地级行政区,是一个以维吾尔族为主体的多民族聚居地区。阿克苏地区位于新疆维吾尔自治区中部,天山山脉中段南麓,塔里木盆地北部,地处亚欧大陆深处,远离海洋,为暖温带干旱型气候,具有大陆性气候的显著特征。

阿克苏是东西方文明的交汇点,是古代西域和古丝绸之路文化中心之一。阿克苏地区地处南疆中心,以500千米为半径辐射喀什、和田、克州、巴州、伊犁,是沟通天山南北的连接点、向西开放的前沿地。"古丝绸之路"文化和维吾尔族文化孕育了与西方及中原地区迥异的古代龟兹文明和多浪文化。

阿克苏地区邻近喀什地区,气候与其相似。库车历史文化名城中的维吾尔族传统民居院落、建筑布局形式及营造工艺跟喀什地区基本类似,其他村落及聚落较为分散的区域为开放式院落布局,建筑平面形式以一字形、曲尺式、凹字形为主。这里的建筑,除大部分民居具有本土建筑艺术特征外,还有少部分中原与西域文化融合的建筑形态。阿克苏地区传统民居布局较为规整、开放,结构简单,装饰上极少运用尖拱,线条简洁,建筑装饰简单。如图2-4所示为阿克苏地区维吾尔族民居分布情况。

图2-4　阿克苏地区维吾尔族民居分布情况

四、吐鲁番地区维吾尔族民居

吐鲁番地区属于典型的大陆性干旱气候,日照时间长且热量丰富,降水稀少,蒸发量大且大风频繁。当地传统民居在不断演变中建构起了适于当地极端恶劣气候的独特形式,构筑出适于使用需要、适应其生态环境的区域民居建筑类型——上屋下窑式半开敞性高棚架民居,屋顶设葡萄晾房。因气候炎热,故其建筑布局多呈一字形、"L"形、"U"形等形式,并十分注意遮阴和空气流动。居室墙体很厚,可起到隔音、自我调节室内温湿度等作用。为了防止高温天气中食物变质并满足在室内进行一些生活活动的需要,当地居民多采用半地下室的拱形建筑,这种建筑具有冬暖夏凉等特点。地面上住房前通常设高棚架,以制造既通风又不压抑的阴凉场所,其院落大多呈内向性封闭或半封闭状态。高棚架一般依托主体建筑在其一侧架设,或将主体建筑的布局分为两列对面而建,高棚架架设其间,棚架填充其凹形空间之上,用木立柱、土坯砌柱或镂空花墙架起,高出房顶,使屋前有一个高敞的空间。吐鲁番地区维吾尔族民居中的透风墙不仅用在高棚架上部和外围护墙上,而且用在一般的短垣、小隔断和底护栏上,以达到空气流通的目的。如图2-5所示为吐鲁番地区维吾尔族民居。

图2-5 吐鲁番地区维吾尔族民居

五、伊犁地区维吾尔族民居

伊犁地区气候温和湿润、四季分明,夏季热而少酷暑,冬季冷而鲜严寒,气候宜人,降水量相对增多,河流水量丰沛,渠系纵横,号称"塞外江南",属大陆性灌溉型绿洲经济区。这里的人们特别注意近水而居,建筑大多依山傍水。院落摆脱了传统的封闭或半封闭的庭院状态,代之以花园为主体。通常,建筑平面为一字形或曲尺形,前院后园为开放型花园格局,建筑空间通过侧窗、外廊与花园呼应。由于冬季天气寒冷,近些年部分民居外廊也有做成封闭式的,以作交通之用。如图2-6所示为伊犁民居。

图2-6　伊犁民居

第三节
社会、人文环境的影响

　　作为中国传统文化的一部分,新疆维吾尔族传统文化随着千百年的演变,已经形成了一套独具特色的、完整的文化体系。从现有的文献记载和考古发现推测,维吾尔族的祖先早在新石器时代就已经开始了人类文明的活动。我国史书最早对维吾尔族记载源于汉朝,当时的回纥人便是今天维吾尔族的前身。汉武帝时期,张骞出塞远赴西域,打通了亚洲大陆得以贯穿东西的丝绸之路,作为枢纽的新疆就此获得了发展文化的重要契机。随着各民族接触愈加频繁,来往日益密切,除了中原文化进入新疆外,另还有印度文化、波斯文化、伊斯兰文化,甚至欧洲的一些文化也影响到这一地域,使得新疆文化开始呈现多民族交融的特点。到19世纪,因受到工业革命的影响,先进的生产方式使得人类的思维开始转变,人们的生活也因此有所调整。在大时代的背景下,维吾尔族的经济、政治、文化也有了较大改观,主要表现在两个方面:一是全新语言文字的建立,维吾尔族融合了多民族语言,形成了自己独特的维吾尔文字;二是维吾尔族人生活状态的改变,从思想意识到生活习惯,无不日新月异。

　　新疆地区的维吾尔族民居建筑形状各异,样式繁多,各具风格,其建筑装饰是维吾尔族人根据本民族的特点、生活习俗、自然环境以及材料来源经过千百年的演化形成的,是由新疆独特的自然地理环境、社会人文环境及当地各民族的民族历史、民族文化、民族宗教等诸多因素相互作用而形成的,表现出鲜明的民族个性,形成了维吾尔族民居独特的传统和风格。

维吾尔族文化影响了维吾尔族民居建筑空间环境,特定的思想观念决定了相应的伦理制度、生活习俗,这些制度、习俗又反映在生活习惯、居住行为及审美趋向上,继而使得维吾尔族人在建筑营造活动中,创造出了与之相应的空间形态、建筑样式和艺术风格。

一、家族团聚居住观念

维吾尔族民居建筑的形状按平面形式,可以分为并列式、套间式、穿堂式、混合院落、前后院;按所用的材料来分,可分为原生土建筑(半地穴式、窑洞)、全生土建筑(夯土和土坯建筑)、半生土建筑(土木混合结构建筑)等。各种平面组合形式包含着维吾尔族人对"家"的理解,即在居住文化中最核心的一点是对家和故土的依恋,即分家不分院,几代人同住在一个院落中,家人之间尊卑有序、男女有别,体现了维吾尔族人的家庭秩序。活动方式也有内外之分,包括不同层次的空间序列,民居建筑空间自成一体,外部含蓄收敛,内部丰富复杂,从中可以看出空间的有序及人们在其中活动的有序,即室内外空间分合,契合人伦道德、家庭成员及地位等的不同,以及客人与主人的区别,都必须有空间安排之序。另一方面,每一项空间序列中都包含着无序交通空间和使用空间,房与房之间简单串联,私密和公共区域常可随临时功用变换其空间性质。这种有序与无序的相互交织,使得伦理与功能在维吾尔族居住生活中找到了结合点,这种结合产生的民居建筑特有的通用性单一空间,既有功能上的交叉,又有私密的干扰,存在很大的缺陷。为弥补这个缺陷,"次空间"产生了,对于一个给定的房间或交通空间来说,次空间采取不同的布置方式,增加了不同的使用功能,从而提高了单一空间的活力,如民居中的高棚架、拱门洞等,它们能让使用者与主空间中的活动建立一系列的联系,同时考虑到回避。这些次空间的尺度虽不大,却非常灵活,这种内部的特殊安排可以说是在内部空间的无序中追求有序。

维吾尔族民居有一院多户,是一个以血缘关系为纽带的家族社会。在人们的起居生活中,"男治外事,女治内事",院子分二合院,中门前为会见男宾之处,后院设私密区和女眷活动之地。以喀什高台民居为例,此类民居的结构、屋顶、墙体、门窗,甚至颜色都大致与过去保持一致,一户民居就是一部家族繁衍、生息、兴衰、延续的家族历史,许多民居都是经七八代人传下来的。有些大的民居院落内住房有一二十间,分楼上楼下,两侧为厢房,几代人同住一个院落。

维吾尔族民居建筑有明确的内外秩序,常见居住单位可归纳成"内室""外间—客室""内室—外间—餐室"三种基本类型。其中,内室远离入口,为待客、起居的主要场所,常设有取暖和制冷设施;外间(代立兹)连接入口和内室,用作入口更衣、换鞋之用,既是交通过渡区,也是天然的空气间层绝热区,可对内室起到保温和隔热作用,并能有效降低门窗洞口处空气渗透的影响。此外,维吾尔族传统民居居住空间还分内外,既保障了维吾尔族人居住空间的私密性,还能防寒避暑,适应荒漠气候环境,有效降低采暖与制冷能耗。

二、古代宗教演变的影响

古代新疆作为印度文化、希腊文化、伊朗文化和中国文化碰撞区域,萨满教、佛教、基督教、伊斯兰教交汇之地,阿尔泰语系、印欧语系和汉藏语系多种语言集聚之地,自然避免不了外来文化的强烈冲击和深刻影响。与此同时,民族的迁徙、生产与生活方式的巨变、文化氛围的骤变,也对维吾尔族传统文化产生了巨大影响。

遍布天山南北的岩画、大量的古迹和文物资料,以及《突厥语大词典》《福乐智慧》《乌古斯可汗的传说》等文献,有着诸多关于古代民族宗教的记载。维吾尔族崇尚自然万物有灵论,维吾尔族先民相信其部落源自不同的物类,并视其与自己的部落有着亲缘关系,如在《狼的后代》《树生子》《神树母》等神话故事中,图腾就是狼和树。

无论是漠北游牧时期还是绿洲农耕时期,维吾尔族人始终与自然相依而存,并认为自身是自然和天地的一部分。他们认为,天地树木、图腾、祖先有神性和灵性,天、地、人及其他万物皆生活在一个有灵性的世界里,天、地、人是一个有机的统一整体,是一种共生共荣、相互依存的关系。由此常常将自然事物本身与神灵等同看待,将万物有灵论由自然崇拜推至图腾崇拜和祖先崇拜,并自觉形成了一套敬天厚地、爱护环境、保护动植物、人与自然和谐相处的朴素的生态伦理观。

西汉至唐时期,塔里木盆地成为连接古代印度文明与中华文明之间的重要纽带,为两大文明对话提供了平台,逐渐形成了以佛教为主流的西域文化,并辐射到社会各个角落。佛教建筑借助自然山体,选择远离闹市、清净且便于止观坐禅的周边环境。这些建筑靠近河边,是很好的修身场所,其风格对民居壁画题材和彩绘技法等产生了强烈的影响。

维吾尔族民居保留了早期建筑精美别致的设计,尤其是民居顶棚的彩绘藻井更是传承了早期宗教建筑中的装饰风格,木柱同样具有独特的柱式与浓郁的彩绘装饰。梁架、吊顶彩绘极具文化研究价值,如喀什的民居壁龛,现在常放热瓦甫、彩盘、花瓶等主人喜爱之物,替代了原先在墙体洞口内放置佛像的功能,其实用价值远远低于观赏价值。现在由于人们生活习惯的改变,喀什民居四壁多设存放被褥、杂物等壁龛,既起到了美化室内空间、打破墙面视觉单调的作用,又有实际使用的功能。龛拱边加很多石膏花饰，也有全为石膏花饰或木雕刻的。另有一些壁龛主要是为展现主人的艺术欣赏水平及生活习好，或为表现居室情调，或为放置贵重物品之处，这些壁龛一般做成形状各异的尖拱，多无门，不遮挡。一般会客室入门正前方为大壁龛，尊贵客人背朝壁龛、面向入口就座，两侧为小壁龛或石膏花饰墙面，空间感觉较好。维吾尔族民居利用了墙厚提供的有利条件，在墙上挖洞设龛，充分开辟和利用室内空间，壁龛和壁炉的形式都具有很强的室内装饰效果。

三、传统民间习俗和艺术的影响

维吾尔族有着悠久的历史文化传统。维吾尔族农牧结合的生活方式、丰富多彩的文化生活和民间传统、宗教信仰等，构成了他们的精神生活，形成了他们的生活习俗。维吾尔族劳动人民这些习俗和人文需求逐渐影响了其民居的布局和形式。

1.民族风俗习惯的影响

维吾尔族在漫长的历史发展过程中，用勤劳和智慧创造了优秀的文化，形成了自己独特的民族习俗。维吾尔族思想与观念、文化与艺术、生活习俗等特征均表现在其所居住空间之内，维吾尔族的待客习俗、结婚习俗、节庆习俗、饮食习俗等，对建筑布局有着极大影响。因各地习俗不同，维吾尔族传统民居空间布局和风貌特征也不同，差异较大。

建筑作为审美的形态之一，在一定程度上要受到当地人们审美习惯的影响，维吾尔族传统风俗习惯影响着当地传统民居建筑装饰风格的发展。

维吾尔族人喜好户外生活,几乎家家户户都有户外生活的习惯。维吾尔族人突破了室内空间,把葡萄架、棚架、屋顶作为吸纳自然的风光地带,这些布置在吐鲁番维吾尔族民居中亦比比皆是。维吾尔族民居常把室外空间的一部分与室内空间联系起来,在建筑周围设置绿色"廊道",如设置葡萄架,借助葡萄藤蔓,攀缘覆盖于棚架、屋顶、墙面之上,直接与居住建筑联系在一起。这里,廊道既像一把绿色的伞,又像一顶绿纱帐,人在棚架下或在室内,就会感觉空间由此延伸出去,站在院内,又会感觉到院落和室内连成一片。廊道不仅围合了内院,同时又形成了内院与居住建筑的"过渡空间"。这样,院落就巧妙地形成了一种"人与自然共同创造的环境"。

维吾尔族人自古嗜好歌舞。其中,最能代表维吾尔族民俗艺术的是麦西热甫(维吾尔语,意即"集会、聚会"),是歌舞、各种民间娱乐和风俗习惯相结合的一种娱乐形式。麦西热甫是维吾尔族人在节日、婚礼、迎宾时经常举行的独特歌舞娱乐活动,是能歌善舞的维吾尔族人民最古老的民俗传统。

维吾尔族人在举行婚礼仪式时,常在连廊、米玛哈那、沙拉依和前院等处接待客人。连廊布局在维吾尔族民居中较为多见,其是一种开放式的棚架。维吾尔族民居建筑中的房间一般采用横向排列布局(极少以组团式布局的)的方式,为取得各室之间的联系又不致露天来往,建筑大多采用加建室外连廊的措施,这种连廊甚至可以将院落中所有的居住功能都串联在一条走廊之内。针对新疆的特殊气候和日照情况,以及维吾尔族人一年之中除严寒季节外喜在室外进行饮食起居活动的习惯,连廊便成为维吾尔族人家居生活的重要场所。连廊的布局也丰富了维吾尔族民居的空间处理,如室内空间到室外空间之间的连廊可以作为很好的过渡。同时,连廊与房间的不同组合和连廊特殊的装饰也丰富了民居造型,使其更具个性美感。连廊前部是宽6~10米、长10~15米的院子,常作为维吾尔族人举行婚礼接待客人、歌舞娱乐的场地。

　　维吾尔族传统民居建筑在营造时,常会考虑人们在院落或居室内进行各项活动的需要,其院落和居室空间面积及高度往往会设计得较大,如图2-7所示。为了满足不同功能空间在不同需求时的独立使用要求,多数房间围绕庭院布局,并对着院落开启门窗。部分房间可单独出入,便于客人或子女成家后单独使用,互不干扰。

图2-7　院落空间

2. 工艺美术的影响

　　维吾尔族传统建筑艺术是我国建筑艺术中宝贵的财富之一,其是在丝绸之路形成的文化圈内,吸取了我国中原地区、中西亚地区和古罗马建筑文化的韵味,融合出来的维吾尔族独特的建筑风格。维吾尔族人在长期的实践中逐步学会了彩绘、木雕、砖雕、套色石膏雕花等艺术形式,他们运用并列、对称、交错、循环等构图手法,对重点部位如廊柱、门窗、天棚、壁龛、檐头、楼梯、墙面等进行装饰。其中,廊柱是构成维吾尔族民居室内外景观的核心元素,是最具艺术气息的生活空间,其丰富的立体造型、花饰色彩等仍为今天当地城市诸多建筑所采用。

在维吾尔族传统民居建筑室内外装饰中,色彩被认为是最为重要的元素。维吾尔族人的色彩审美是多元的、复杂的,其装饰中的绿色、蓝色、白色、红色是维吾尔族民居典型的色彩,其中,红色、绿色、蓝色在彩绘中应用最为普遍。在中原文化与西域文化的交流过程中,红色对维吾尔族人的色彩审美产生了深刻的影响。绿色与蓝色也是维吾尔族人喜用的色彩,并已经成为其民族色彩文化中不可缺少的主色调。喀什地区的民居彩绘装饰细腻古典,以植物图案、几何图案为主要表现内容。其中,植物纹样有石榴纹、葡萄纹、巴旦木纹等,几何图案常用圆形、菱形、折线纹等;植物纹、几何纹有单独纹样、二方连续、四方连续等形式,并根据不同的形状灵活组成适合的纹样。维吾尔族彩绘主要有平涂、勾绘、套色、描金、退晕等手法。维吾尔族传统民居建筑彩绘装饰纹样丰富多彩、格调典雅,大多取自日常生活中的自然景物、生活器物等,再经过彩绘工匠的提炼、概括,用点、线、面等表现手法展示出这些源自生活又高于生活的纹饰,再赋之以和谐悦目的色彩。

维吾尔族民居比较注重室内、室外色彩搭配,体现出工艺美术对建筑风格的影响。不同地区的维吾尔族民居表现出不同的色彩特点,如喀什传统民居建筑有着鲜明的地方特色和民族特色,体现了民居建筑与自然环境的和谐统一,是实用功能与装饰艺术的完美结合,形成了独特的人文景观,具有丰富而深厚的审美文化内涵。

众所周知,喀什自古以商贸交流和民族手工业繁荣而著称。在高台民居中,许多古老的街巷按行业自发形成了手工作坊和产销市场,如首饰巴扎、铁器巴扎等,还有以其行业为名的街巷,如喀赞其亚贝希(铁锅匠)巷、博热其(苇席匠)巷等。一些居民的居住场所也是生产、销售的场所,这些小生产者按商业销售发展的需要,逐渐形成了产销一体及特色各异的专业性街巷。目前,这种街区经济形式仍是开展手工业生产和商贸旅游产业的重要手段。

喀什民居的外观虽普通,内部却别具特色,柱廊、墙壁等处多用木雕、石膏雕饰,室内大量使用色彩绚丽的各种装饰品,使民居内部充满特有的温馨气氛。喀什民居的装饰手法主要有木雕、石膏雕花、彩绘、刻花砖、拼花等。装饰图案花纹美观、结构精巧、变化多样,以二方、四方连续为多,用中断、交错等手法来取得构图上的韵律变化。这些装饰图案缜密,几何纹样严谨对称,植物纹样自由灵活,题材以杏、桃、葡萄、桑、石榴、荷花等为主。刀法的表现形式主要有阴线刻、线浮雕、综合刀法等。

伊犁民居内外装饰色彩常以白色、蓝色、土砖本色、赭色为主。虽然伊犁民居色彩搭配不拘一格,任由营造者发挥和创作,但不管什么样的色彩碰撞在一起,看起来均完美和协调,没有一点局限。

维吾尔族手工业发达,种类繁多,这与维吾尔族人居住地区的自然地理环境及所从事的经济生活类型密切相关。维吾尔族比较常见的手工业种类主要有乐器、砖匠、织绸、油漆、铁器、木匠、雕刻匠、金匠、皮匠、染匠等。

维吾尔族人喜欢根据传统民居建筑的空间大小、空间高度、门窗位置、墙体壁龛大小及数量、土炕大小,以及室内整体环境氛围配上相应的地毯、帕拉孜、艾提莱斯绸、印花布、绣花枕头、木箱、摇床、洗手壶、绣花毯、陶瓷品、铜制品、铁制品、木雕产品、民族金银首饰等。根据房间功能及主人的爱好、经济条件的不同,上述工艺品的摆放位置、大小、数量及颜色有所不同。维吾尔族民居室内陈设经过长期发展,成为融合独特族群心理、审美尺度的居住文化,形成了高度可识别性的装饰语义,它们除了有一定的实用价值外,还具有较高的观赏价值,可起到烘托空间气氛的作用。

现在,维吾尔族传统民居建筑墙裙常用的印花布织染技艺已被社会各界认可,维吾尔族花毡、印花布织染技艺于2006年被文化部列入首批国家级非物质文化遗产名录。维吾尔族传统民居建筑墙裙上的印花布工艺是中国最具代表性的传统凸版手工印染产品,其独特的印染技艺在其装饰纹样上,表达了维吾尔族本土的文化气息。其在构图艺术上,多运用点、线、面等元素结合特殊的构图手法,创造出平面的三维感受。

第三章
维吾尔族传统民居的选址布局及建筑设计构思

第一节
选 址 布 局

| 一、选址总特征 |

    选址是维吾尔族民居及传统村落营造工作开始前需要考虑的重要环节。由于自然界的各种资源分布不均衡,因此人们需要找到适合居住和生产生活的场所,他们常将资源配置合理、气候环境优良作为首选因素。村落的形成是众多因素综合作用所决定的,这些因素大致包括地理、气候、地质、经济、历史、建筑及相邻村落的影响等。

    维吾尔族传统生产生活方式是游牧生产方式和农业生活方式,人们既有不断迁徙的游牧生活,也有围绕绿洲定居或依傍农田建造民居而定居的生活。村落的形成过程和组织形式各不相同,既是民族氏族组织体系的体现和对生产生活场所地理环境的适应,又受新疆地区悠久历史、多元文化、经济发展等因素的影响。从新疆所在自然因素对村落选址影响来看,新疆地域辽阔,自然生态环境差异明显,一定的地理、气候条件对应一定的放牧与农田耕作系统,进而产生不同类型的农业景观,促进聚落呈现多样化的形态格局。新疆农业景观类型的差异,产生了诸如游牧与农耕、平原与山地、旱地与灌溉区等聚落间的分野,进而影响聚落的分布结构及其内部形态特征。就牧业为主或农牧兼顾的聚落而言,其房屋通常较少,院落因需满足牲畜圈养与草料堆放,故村落结构稀疏、形态松散;而以农耕为主的聚落,则民居建筑复杂、形态紧凑、聚居人数较多,体现了对土地的珍惜与尊重。

新疆发展至今,维吾尔族聚落体系已经成型,各级别的聚落大多分布于大大小小的绿洲上。传统村落是在乡村环境中长期发展而成的农耕聚落,和现代绿洲城镇的形成不同。绿洲城镇是将聚落分为原住民聚落和迁移聚落,迁移聚落主要是为了有计划地屯田而组织成批地迁移绿洲区的。因为迁移的原因不同、迁来的地区不同,所以形成的村落也各有自己的特点。总的来说,人口迁移对村落的形成有着重要影响。

在干旱的生存环境下,聚落拥有足够的水源尤其重要,水源是村落能否存在的先决条件。聚落在建造过程中一般秉承“近地”原则,在“河水周边建造”。维吾尔族人在村落选址及民居的方位、朝向等方面,注重因地制宜,并结合自然生态环境条件,既可满足建设需求,又可充分发挥自然的潜力。如图3-1所示为吐鲁番盆地民居。

新疆是我国西北干旱区最具代表性的区域。长期以来,新疆的人

图3-1　吐鲁番盆地民居

居环境面临着资源紧缺、经济发展水平落后、生态环境恶化等一系列问题。虽然如此,现在在新疆有限的绿洲面积上,却仍有一些生机勃勃的乡土聚落,古老的历史使得这些聚落在荒漠中显得沧桑凝重。这些传统的维吾尔族民居在营造过程中,充分挖掘当地特有的地域资源,在满足聚落功能需求的同时,创造出一系列具有地方特色的聚落景观,是我国传统聚落营造的典范之一。

| 二、不同地区选址布局 |

新疆属典型的大陆性干旱和半干旱气候区。北疆为温带大陆性干旱气候,伊犁地区为北疆重要地区之一,因天山山脉余脉向西分岔落坡,西来的潮湿气流对其稍有影响,降水量多,故有"塞外江南"的美称。南疆为暖温型大陆性干旱气候,干旱少雨,区内有大面积的沙漠分布,长年风沙不断是这里最显著的气候特征。在塔里木盆地南侧边缘的克里雅河段、策勒河段及和田河的中游玉龙喀什河和喀拉喀什河段两侧,虽仍是沙丘连绵,但土质相对较好,绿洲耕地也相对较多。

维吾尔族居住的城镇、乡村等大小居民点一般分布在山麓和盆地连接处的绿洲地区。新疆的河流几乎全属内流河,河流大多消失于灌区或荒漠,少数在低洼地形成湖泊。这些河流大多属季节性河流,对于极度缺水的部分地区具有重要的生态价值。河岸两侧的绿化较好,树木生长旺盛,具有一定的景观价值。博斯坦村(维吾尔语"博斯坦"意为"绿洲")因其地处荒漠但树木成林,是戈壁滩中的一块绿洲而得名,其以富有特色的生态建筑理念和技术于2010年入选中国历史文化名村。这里的戈壁地带均为大片的荒漠戈壁,地势平缓,地面覆盖大片砾石,仅可生长红柳、骆驼刺等耐旱植物,常年刮风,地域广阔,气势恢弘。一直以来,维吾尔族传统聚落选址在戈壁滩的案例极少(游牧

图3-2　维吾尔族居民点

地区或特殊地段会有个别案例），人们多将定居点选在有水源和肥沃土壤处。如图3-2所示为维吾尔族居民点。

可以注意到的是，除东疆、南疆、北疆三种类型的聚落营造体系存在较大差异外，同一地区内部不同聚落或聚落群体的营造也存在差异。南疆地区内部地域资源状况也不尽相同。和田与喀什都是塔里木盆地南缘的著名绿洲，在民居建筑形式上，和田民居与喀什民居虽都是阿依旺，但两地阿依旺无论是在院落格局，还是在建筑单体形制上都存在巨大差异。喀什民居以米玛哈那单元为主体的组合庭院，被称为"密聚型米玛哈那内向庭院建筑"。喀什地区的聚落营造呈现出与和田地区不同的特征，是与当地的地域资源条件相适应的，密聚型内向庭院建筑具有更能适应喀什地区气候、民俗和用地制约等特征。

吐鲁番盆地、塔里木盆地、伊犁河谷三地在气候和水土上的条件存在着差异，三地的聚落分别集中在山谷、沙漠边缘绿洲和河谷间，这是聚落被迫选择的结果，也是自发选择的结果。聚落平面和聚落组织多受限于水流的走向、土地资源的空间分布，使得聚落各自呈现出带状、团状、复合状等不同形态。古代的村落在规划布局时充分考虑了与周边环境的空间关系，聚落多选址于区域内地势较高的位置，对周边景色一览无余，水流绕村而过，同时也形成了良好的景观格局。如雅尔湖故城位于吐鲁番亚尔乡，现存遗址主要是唐代及其以后的建

图3-3 吐鲁番村落

筑。如图3-3所示为吐鲁番村落。

维吾尔族所在的老城区街巷格局常以老城区中心广场或重要的公共建筑为中心向外辐射,街巷组织层次为"主街—支巷"两级体系,村落主街巷主要与河流或水渠流向平行布置,呈狭长带状分布,地形起伏地段结合地势形成独特的树状街巷组织,街巷格局注重道路对景。街巷组织层次分明,一般为"主街—支巷—宅前巷道"三级体系,构成村庄整体街巷格局,交通较为便捷,建筑布局整齐,讲究宅前绿化。村庄街巷与地形密切结合,街巷随地形、河道、城墙等的变化而蜿蜒起伏,村庄建筑布局也因地制宜,并随街巷高低错落。如图3-4所示为喀什街巷。

图3-4 喀什街巷

不同地区聚落在村落选址上的差异,本质上是地域资源条件决定下的聚落生存大方针或发展方向的差异。气候资源和水土资源对聚落的营造有较大的影响,不管在新疆哪个地区,维吾尔族聚落选址首先需要考虑的是取水便捷和对恶劣气候的阻隔作用。由于乡土聚落是在远离城市的环境中自发建成的,因此总是以聚落使用者最基本的生存要求作为首要的考虑因素。一部分乡土聚落在选址上甚至会考虑聚落防御的要求,而这种防御其实包含对恶劣气候条件的防御。

三、村落层面的聚落营造

维吾尔族民居村落整体形态与河流紧密依存,村落内道路随地形蜿蜒起伏,建筑随地势略有错落,整体村落形态较为自然。维吾尔族民居村落建筑布局与地势密切结合,部分维吾尔族民居整体村落建筑布局各方向呈渐低阶梯状,相互交融,民居院落布局因地制宜,统一且富有变化,空间环境要素众多,景观风貌特色明晰。

聚落外部形态体系、聚落营造技术体系、聚落构造体系、聚落资源利用体系形成了维吾尔族聚落营造体系的整体。其中,聚落资源利用体系包括气候资源、水资源、土地资源、建筑材料资源等,它们在聚落营造中发挥着重要的作用。

1.聚落选址

维吾尔族聚落是具有悠久历史的农耕聚落,聚落在选址上不可避免地要考虑选址与农田、水源间的关系。一般来说,聚落多选址在环境优美的山边平原、河边或山沟,这跟内地传统农耕村落的选址特点基本相似。聚落是典型的"依山就势",如吐鲁番的传统聚落位于火焰山沟谷谷口,顺聚落向南是开敞的冲–洪积扇绿洲。

2.聚落平面形态

(1)团状平面形态。维吾尔族聚落整体平面形态呈平行于山体等高线和山谷水系团状形态。在这样的平面形态中,民居分布于河流两侧,成面水之势,与耕地相连。一方面,居住区沿水系带状分布这一平面形式保证了临水民居数量的最大化,我国传统聚落"逐水草而居"的理念在这里得到了充分体现。另一方面,顺应山体平行于等高线的聚落整体布局方式,很好地回避了在山体的高差处建造房屋的尴尬局面。这种方式类似于中国西南山区的山地聚落布局方式,利用山体的高差找寻相对平坦的台地聚居,其要比在坡地上建造聚落更为安全。如图3-5所示为喀什高台民居。

(2)平面向心型、多组团布局。山地聚落与平地聚落的最大区别就在于地理环境的复杂往往将山地聚落整体割裂,整个聚落很难呈现出规整、完全集聚的平面形态,聚落建筑群往往被多种因素分割开

图3-5 喀什高台民居

来。如麻扎村村落用地以清真寺为中心,聚落以多组团的方式依托山体布局,环绕清真寺这一公共中心,各组团被流水、道路及自然地形分隔,具有明显的边界。

(3)聚落功能布局。聚落的各功能组成部分可大致分为聚落公共中心、居民居住区、生产生活服务区、农田耕作区、景观防护区等5个区域。聚落的功能布局可以概括为"围水(寺)而居的圈层形态",这种布局不仅最大限度利用了土地,而且也与村落水系的结构相适应。维吾尔族聚落的水系组成依靠的是穿村而过的自然水系,这也是村中的主水系,加上灌溉用支渠,整个村渠系水网发达,主水网形式多样。水系贯穿公共中心区、居民居住区、生产生活服务区、农田耕作区各区域,既保证各区有水可用,同时也保证各区域在用水上具有均衡性。总体而言,维吾尔族聚落营造具有以下特点:①维吾尔族民居所在的聚落选址依形就势、傍山而建,这样的选址一方面考虑了对炎热气候和风沙的阻隔,另一方面兼顾了土地资源的集约使用和水资源的最大化利用。②维吾尔族民居聚落依托山势沿水系成带状分布,逐水而居,合理利用山间平地。③维吾尔族民居村落在选址布局上较好满足了土地用作农耕的需求,同时保证了维吾尔族民居建筑依山傍水的优美环境,村落以聚落为中心,耕地围绕居民聚集地分布,符合传统农耕聚落的土地利用特点。④维吾尔族民居聚落在功能上分五大区域,并呈现"围水而居的圈层形态",层级利用聚落空间和资源。

(4)聚落交通组织。维吾尔族聚落内部交通系统可按街、巷、路三级划分。村内通常会有一条主干路与村外的县级公路和绿洲主路相连接。维吾尔族聚落道路形态不规则的另一个原因则是水系的平面形态决定了道路的走向。村落中心主道沿河流布置,道路形态随河流水系形态平行延展,或紧贴水岸南北延伸,或以架桥等方式横跨河流两岸,或设台阶引入水边,以便居民洗涤、灌溉及饲养牲畜之用。民居聚落的南北路网和由河流、人工渠构成的水系呈现高度的"路水相依,路水并行"等特征。

第二节
建筑平面布局与功能要求

新疆地区地处中亚腹地,是东西方文化的交接地带,也是古丝绸之路的重要组成部分,这里不仅有多元的文化,而且有多姿多彩的民俗民间艺术。新疆从很早以前就形成了自己开放进取、善于吸收接纳的文化形态,这也是新疆地域文化形态中显著的特点之一。新疆维吾尔族民居涉及地区很广,东至吐鲁番、哈密,西至喀什地区,南至塔里木盆地南缘的和田、民丰一带,北至天山北麓伊犁等地区。

一、平面布局特征

维吾尔族民居平面布局紧凑,其基本布局形式多围绕一个中心布置,或以院落,或围绕一个居室空间展开,一般由五个部分组成。

1.基本生活单元

基本生活单元当地人称"沙拉依",即指一明两暗三间房间的组合,这种布局很像汉族民居中的一明两暗组合格局。不同的是,汉族民居建筑中间开间大(俗称"堂屋"),两侧较小,为东西侧厢;维吾尔族民居虽然也是一明两暗组合方式,但中间小、两侧大,中间房屋一般宽3～4米、进深4～6米。有时为了需要,还会将中间房屋隔成前后两间,前面的房间作为前室或通廊,通向左右两厢,起着一个风斗的作用。有客人来访,此房多作为客厅使用,维吾尔语称其"米玛哈那"。由中间的居室通向右侧的一间,大小和左侧的相同,或稍小些,为次卧室,供家中老人或小孩使用。此房一角也会布置炉灶供烹饪使用,维吾尔语称其"阿西哈那"。这些就组成了维吾尔族民居的基本生活单元,人口少的家族一般一组即可满足生活需要,人口较多或经济宽裕的家庭可由2～3个这样的单元组成一幢建筑。内室则作为储物或厨房杂用,中间居室维吾尔语称"代立兹"。代立兹左侧通向作为主要起居和卧室的大房间,其进深同中间的居室,面宽一般6～9米,甚至会更大。简单的米玛哈那形制民居多由代立兹和米玛哈那两间构成,完整的是由米玛哈那、代立兹和阿西哈那三间构成,两者都带有外廊。由于其主要的房间是米玛哈那,因此得名米玛哈那式,这种形制自明末清初在维吾尔族民居中开始通用。南疆和北疆由于不同的地域及气候条件,其房间在尺度处理、整体组合上风格各异。具体表现为:南疆民居在进深上分前、后两间,后半部又分为左、右两小间,一间供沐浴,一间供存储杂物;前半部分起着隔热、防沙、防寒等作用,也是进入客房前更衣、脱换鞋子等的地方。阿西哈那功能并非单纯的厨房,还兼作次要居室、储藏室,厨房会另行设置,南疆一般将此室作为冬卧室兼厨房。北疆因气候寒冷,其民居每室必有采暖,有明确的冬、夏厨房。阿西哈那由代立兹右侧套入,一般为双开门。南疆民居的门靠角安置,北疆民居的门居中安装。如图3-6、图3-7所示为沙拉依及维吾尔族民居基本单元平面示意。

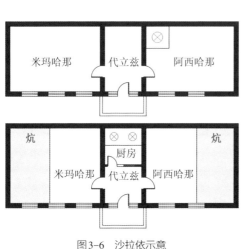

图3-6 沙拉依示意

图3-7 维吾尔族民居基本单元平面示意
（图片来自《新疆民居》）

2.辅助用房

辅助用房一般指储藏室、冷室（该室在夏季可作为卧室使用）、客房（经济宽裕的家庭为亲友来访准备的卧室）。这些房间大多增建在基本生活单元的一侧或两侧，或一字排开，或按曲尺形布置。

3.连廊

维吾尔族民居建筑中各个房间采取横向排列布局（极少数采取组团方式）。为使各个房间既联系紧密，又不至于露天往来，民居大多采用加建室外连廊的方式。连廊可以将一个院落的所有具居住功能的房间串联起来。连廊布局不仅丰富了维吾尔族民居的空间，将室内外空间通过灰空间过渡连接，而且连廊与房间的不同组合和廊体特殊的装饰也丰富了民居造型，使其更具个性美。如图3-8所示为连廊。

(a)连廊上的护栏　　　　　　　　　　　(b)连廊上的土炕

图3-8　连廊(买合木提摄)

4.厨房

维吾尔族传统民居中,除了在基本单元中间及右侧房间或辅助用房的某个房间内设置一些炊事所用的炉灶(一般只在严冬季节不宜室外活动的时候才使用)外,维吾尔族人一年中大部分时间的炊事活动多在室外进行。他们或搭设独立的棚架,或在主体建筑端头添建一处半封闭的棚舍,或利用连廊近端增设一部分空间用于设置灶台,并将其与室外空间连成一片,呈开放式布局形式。

5.院落

完整的维吾尔族民居一般会有一个有序安排的院落,这个院落通常又包含院门区、连廊区、种植区、私密区等4部分。院门外一般设置一两个可供休憩的坐凳,分置于大门两侧,或用木材简易制作成条凳,或用石块、砖砌成坐台。伊犁、阿图什等地区民居多将坐凳与院门的门头结合起来一起设计处理。院门外坐凳成为居民对外联系的窗口,家庭主妇在家务之余往往喜欢在门前坐凳上小憩,或观望来往行人,或与邻里攀谈,或看孩子们在门前嬉戏。维吾尔族民居门头的砌筑和大门的形式,往往显示出主人的审美情趣及其家庭的经济情况。盛夏季节,人们往往会在门前洒水,以免干燥的浮土飞扬,并利于打扫干净。有些人家还会在门前院墙边种植花草树木,使得民居入口环境格外美好。连廊区则可以算得上是维吾尔族人的室外起居室,他们一年之中约有3/4的时间是在这里活动的,廊下可进行日常的起居生活,或进行炊事活动,甚至连午休或夜眠也可以在此区域进行。有不少住户将廊下空间放宽,砌筑榻榻米或放置床铺,一日三餐都放在此处进行,生活氛围浓厚。维吾尔族人还喜欢在院落内布置一片种植区,用以种植蔬菜、果树等。一般会在种植区的边上种植葡萄,并搭设葡萄架,葡萄架多与连廊连接,在无形中扩展了室外生活起居的空间。另外,维吾尔族人还会在院落的私密区布置厕所、杂物堆积处以及牲畜的圈舍等,这样一个完整和谐的院落空间就形成了。如图3-9所示为伊犁维吾尔族民居院落。

图3-9 伊犁维吾尔族民居院落

| 二、不同地区维吾尔族民居 |

维吾尔族民居由于其所处地理位置的不同及历史传统和自然条件上的差异,因而形成了南北疆差异大、发展不均衡、不同区域特色鲜明等特点。历史上遗留下来的许多优秀建筑多源于本地区土生土长的建筑形态,而建筑形态又受到自然条件与社会条件的影响和制约,维吾尔族民居中就不乏此类优秀的建筑。

1. 和田地区民居平面布局及其功能要求

南疆特有的气候特征,是这一地区维吾尔族人创造阿依旺住宅的根源。维吾尔族人在当地气候的影响下,将民居建造成封闭型、内院式,并以半开敞式的阿依旺为中心,其他房间环绕四周布置。这种构建方式能有效抵挡风沙,并形成了一个封闭式共享活动空间,成为阿依旺民居中最为典型的空间类型。

和田地区的民居特点主要在于其就地取材、因地制宜,人们创造了适于当地恶劣气候条件的阿依旺民居。和田的阿依旺民居是内向型、封闭式的,高侧窗采光,大门开启方向多不受宗教礼仪约束,而是顺着地势根据住户使用要求自由选定。阿依旺民居平面空间布局灵活、形状规整,空间尺度适宜,内部装修华丽,如图3-10所示为和田阿依旺民居示意。

阿依旺民居平面布局形式主要有两种,即围绕式和排列式。围绕式以阿依旺厅为中心,周围布置居室,其中主要的一部分是以沙依拉为基本单元的家庭生活区,另一部分则是以客房为主要空间布置的待客区,其余部分则是杂物房间,这样基本的民居布置方式即为标准的阿依旺。排列式也是以阿依旺厅为中心的,其他房间或在两边排列,

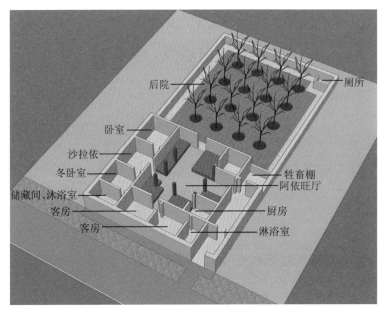

图3-10　和田阿依旺民居示意

或形成"U"形平面布局。一般的阿依旺民居基本组成形式大致相同,只是会根据面积、地形地势、使用需要等不同而略有差异。

　　和田地区大型的阿依旺民居,一般是在标准的阿依旺基础上加以发展形成的,其布局形式主要有以下几种形式。

　　(1)第一种是以标准的阿依旺再连接一个或两个以廊或带廊的房屋围合成的封闭庭院空间,或连接由廊和部分带廊房屋形成的凹字形、曲尺形的半开敞院子,构成整个民居。这样的阿依旺民居,在城市里随地形建造,在农村则常将整个民居置于庭院、果园里的恰当位置。

　　(2)第二种以标准的阿依旺作为家庭生活基本部分,再毗连一个或两个较大的阿依旺,厅旁布置客房、厨房等。这种阿依旺面积大、空间高、灶台宽,装饰华丽,陈设讲究。

　　(3)第三种则是规模更大的阿依旺,是将标准的阿依旺毗连一两个阿依旺厅,并连接围廊式半开敞式的院子,有的甚至还会另外设单幢带客房的阿依旺厅建筑。

2.喀什地区民居平面布局及其功能要求

喀什属温带大陆性气候,四季分明,降水很少,蒸发量大。从有文字记载时起,尽管城市名称多有改变,然而历史上喀什所处地域始终变化不大,虽然历经沧桑,但城市始终在克孜勒河与吐曼河两河之间的高台地延续变迁。今日的喀什市老城区,是古城历史形态的延续,这里不仅沉积了深厚的历史文化内涵,而且展现了浓郁的民族风情,成为维吾尔族传统街区的典型代表。

根据有关文献记载,喀什传统街区现存的民居建筑主要为清代及其后的实体,这些民居密度很高,相邻的民居相互交错,这和喀什民居用地紧张、人口密集、地势起伏有关。不仅在平面上如此,就是在空间上也相互套叠。有的巷子被过街楼覆盖,形成一个又一个的小天井;在崎岖的坎坡上,为争取空间,建筑利用地形,高低错落,创造出一个个舒适又特别的生活空间。喀什民居的院落布局千变万化、大小悬殊,小的庭院面积有3～4平方米,最大的约有100平方米,但绝大多数都很小,以10～25平方米的为多。总的来说,喀什民居空间尺度适当,房间布局合理,绿化配置得体。

喀什传统的高台民居建筑群集中建在一个30米高差的高台上,所用的材料均为土与木,因此也具有掩土建筑的一些特征:它们被厚重的土层包围着,其绝热作用使得土层升温很低。高台民居通常有地下、半地下与地上房屋相结合等搭建方式。与黄土高原地区的窑洞建筑不同,喀什的高台民居建筑群有较多地上建筑部分。

从整体结构布局的角度出发,进入喀什民居院门之后,常会有一个独立的院落空间。每户建筑面积各不相等,朝向也不同,房屋的平面形式也各有变化,这就使得其虽然从形式上看是相似的空间,但是每户所形成的院落空间却各有不同。每户民居都有两层以上的建筑空间,自然地形成了其独立的院落空间,这个空间是由本户的房间墙体、与本户相连的外墙(即支撑过街楼的墙体)与底层房屋的挑檐所组成的露天空间和灰空间组成。房屋的主要围护结构是土坯墙及木制顶棚。喀什民居建筑结构体系主要有木框架篱笆墙体系和原生土、全生土、半生土建筑体系,如图3-11所示为喀什民居示意。

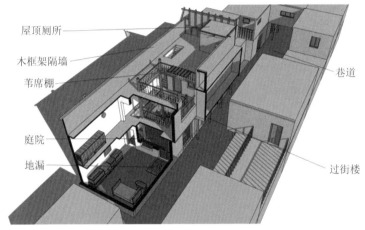

图3-11　喀什民居示意

喀什民居大致也分成两类:一类是阿依旺式,其特点跟和田民居一样;另一类是米玛哈那式,以代立兹、米玛哈那和阿西哈那为基本单元,再配以单间房屋或一组以米玛哈那为单元组合的庭院,层数为一到三层。喀什民居主要有以下几个平面特征:

(1)民居随地形的变化自由布局,无固定的形式,不强调对称,不强调日照方向,不强调入口方向,也不强调宗教礼法。

(2)重视空间上的呼应、衬托。喀什民居的院落不用单幢建筑来围合,建筑的空间组合从整体考虑,重视房屋的高低错落、虚实处理。柱廊在空间处理上起着重要的作用,用各种方法处理的柱廊可以使各部位的房间相互呼应、连通。

(3)重视统一和微差的处理。院落中的各部分房间虽高低不等、大小不同,但将檐部连在一起,使房间之间、房间和围墙之间的空间转折、过渡,彼此联系、相互统一。

（4）空间序列逐步展开。首先经过蜿蜒狭窄的小巷道，走过光线较暗、空间低矮的大门或门厅（一般设于次要房间的楼层下面，2.2～2.5米净高），步入大门、门厅后，豁然开朗，来到庭院的天井，衬以华丽的装饰，空间舒展。随之便可进入主体建筑，顺着露天楼梯的引导，步入二层空间，空间序列顺次展开。

（5）争取面积，扩大空间，手法巧妙。为扩大使用面积，喀什民居在建造时采用了多种方式，如借用巷道空间获取较大的使用空间（称为"过街楼"），还有将巷道做悬挑处理的民居；后墙的开门、窗洞口开成喇叭形；在纵向空间上扩大使用空间，修建二层空间及廊道等。

（6）罕见的屋顶旱厕。喀什民居的厕所多为旱厕，绝大多数设在屋顶上。旱厕多是无顶的小间，木制蹲架，下放干泥土，靠土吸水和蒸发，定期由郊区农民用毛驴、车运干净土来更换。

3. 吐鲁番地区民居平面布局及其功能要求

吐鲁番地区传统民居的院落布局大多是内向型封闭式或半封闭式的，民居一旦建成，除极少数的宅外空地不做围合呈现散院式以外，绝大部分都以围墙、篱笆等在其周围圈成封闭型的院落，并在沿路合适地段适当留出院门的位置。在用地宽敞的情况下，住宅常置于院落之中形成花园式布局。在住宅体量较大或用地较小的情况下，往往将院落置于住宅的建筑之间，形成二合院、三合院、四合院等布局。居民根据当地的自然环境和生存需要，拓展出形态各异的院落空间文化，这也是中国传统民居延续多年的一种群体组合方式。吐鲁番地区的维吾尔族人以多层错落的立体院落格局来解决复杂的生活需求。他们就地取材、因地制宜，以黄黏土为材料，采用砌、垒、挖、掏、拱、糊、搭（棚）等多种构造形式，建构了堪称"中国第一土庄"的院落式生土建筑群，其基本构成表现为下窑上屋、葡萄架空间、高棚架空间等形式。吐鲁番民居在平面布局、空间处理、建筑做法、形式风格等方面，既有自

图3-12　吐鲁番维吾尔族民居

已鲜明的地方特色,又融合了南疆民居的风格。如图3-12所示为吐鲁番维吾尔族民居。

1)生土建筑

吐鲁番的生土建筑,包括原生土建筑、全生土建筑及半生土建筑,其中全生土建筑是全国独一无二的。吐鲁番维吾尔族民居的院落布局呈内向型封闭或半封闭形式,按其建筑特点分为两类:一类是土拱平房(房屋集中式),另一类是土木楼房(米玛哈那高棚架式)。

(1)土拱平房。平面形式分毗连式、套间式、穿堂式。毗连式由三间以上的土拱平房并列成行或呈曲尺形。套间式是一种古老形制,以一间长且宽大的房间为主,穿套三间以上的房间,构成生活的主要用房。穿堂式是一间通长的土拱房屋居中,左右两侧垂直方向布置拱房,为生活的主要用房,包括客房、居室、冬卧室、库房、厨房、杂物间等。毗连式含牲畜棚,与住房并列,而套间式或穿堂式的牲畜棚则是和住房分开设置的,通常设置在房屋尽端。

土拱平房为全生土结构体系,夯土或土坯砖基础,土坯墙或夯土墙,土坯拱顶。房间的组合以及房间尺寸的大小等都受土拱结构的限制,房间可自由设置。主要的房间设火炕,冬季一火两用。炕与房间同宽,高为45~60厘米,炕一端设有炉灶,炕沿和灶之间有矮墙,有挡水、防油烟等作用。

附属用房有入口大门、柴草房、杂物房、农具房、牲畜房、瓜果库房及葡萄晾房等。附属用房入口是一个用土拱建造的深度的空间,拱门洞净宽4米以上,净高也约为4米,深度3~8米。大门为宽而高大的木板门,上部装饰木棂花格,古朴典雅。葡萄晾房是农村每家都会有的,建造在杂物房或入口门厅的上部,用土坯砌筑成镂空的墙壁、顶部用木架铺设,上铺芦苇,再用草泥覆盖屋面。一般晾房布置于二层,并与入口门洞相邻,从而形成高与低、虚与实、方与圆的强烈对比。

(2)土木楼房。这类民居的特点是有呈内向型的半开敞式院落,由建筑物和围墙来围合空间,院内建筑主次分明,主体建筑为米玛哈那式的二层小楼,上层设檐廊,首层多为土拱建筑或土拱半地下室建筑。次要房间均是土拱平房,不设廊。院落布局随地形不同而不同,一般有两种,即围合式院落和前后院式院落。

围合式院落中,主要建筑位于地段主要方位的一侧或后部。次要房间根据功能性质选择适当部位,和围墙共同组成完整院落,围墙占有的部分较多,从而使院落成半开敞式。只有用地面积较小时才会用房屋围合,形成封闭的院落空间。整个院落的主要生活区和日常杂物区在院落中分布明确,互不干扰。有的院落还会在主要的生活区架棚。

前后院式庭院中,两层的主要房屋建造在院落的中部,将院子分为前后两部分,前院主要是生活区,后院是日常杂物堆放区。后院多和果园、菜园毗邻。附属房屋多为一层土拱平房,极少数采用二层,按其各房间功能性质分别设于前院或后院,有的与主要建筑连接。

无论上述哪种院落形式,其主要房屋前面都有一个露天或半露天的空间,其中设有宽大的土炕,或放置一两个大木床。除了冬季寒冷的季节外,主人全年大部分时间都是在这里活动的,有时候晚上还会在这里睡觉,或者在比这里更通风的屋顶睡觉。

在主体房屋的平面、空间处理上,土木楼房主体通常为两层,首层是地面一层或半地下层全生土。拱结构,夯土基础或卵石基础,土拱为一层或两层。常用5～7间等跨并列土拱房,也有根据使用要求采用不等跨并列或垂直布置土拱房屋的方式。首层土拱房屋的进深都很大,目的是使二层房间能设宽大的檐廊。一层或半地下室层的窗户多朝向前院。几间房间连在一起,一般只开一个对外出口,仅少数开两个出口。

土木混合结构的米玛哈那式楼层的单元布局一般单面或双面设廊,前室与北疆的前室相似,双扇门带耳窗,不设沐浴间。左右两侧单面设廊的客房和冬卧室,与南疆做法类似,两面设廊的做法略同北方,但不沿街道。前廊很宽,有2.5～3米,地铺木地板,廊一般高3～3.3米,前廊大多数设栏杆,并放大床或铺地毯、毡子,它和廊前高架空间融为一体,组成家庭日常活动的场所;后廊略窄,有1.5～2.5米,一般不设栏杆,也不布置床位。廊和后院互相呼应,这里既是晾干、风干过冬瓜果蔬菜的地方,也是老人乘凉、赏花的好地方。

2)传统民居

吐鲁番地区传统民居的院落布局及变化是比较自由的,建筑平面组织也比较灵活。虽然这些民居的院落变化很多,但大多是依靠主体建筑,即基本的生活单元而建的。吐鲁番地区的传统民居有并列式、套间式、穿堂式、混合院落式等4种平面布局形式。

(1)并列式。由三间或多间土拱平房组成一字形或曲尺形,是维吾尔族人生活的主要用房。

(2)套间式。以一间大房间为主,穿套两三间或更多的房间,组成生活的主要用房。

（3）穿堂式（图3-13）。一间通长的土拱房屋居中,两侧沿垂直方向布置房间。

（4）混合院落式。两层的主要房屋放在庭院地段主要方位的一侧或后部,附属房屋放在次要方位,与围墙共同组成一个完整院落。主要生活区和日常杂物区功能明确,互不干扰,庭院有相当大面积的半开敞式空间。

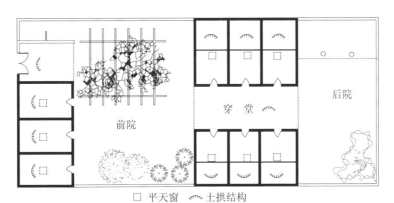

□ 平天窗　⌒ 土拱结构

图3-13　穿堂式平面布局示意

4.伊犁地区民居平面布局及其功能要求

现在伊犁地区的维吾尔族居民大多是于清乾隆年间（1736—1795）迁至伊犁地区的维吾尔族人的后代。他们迁入伊犁之初,在建造的建筑上保留了喀什地区的民居风貌,同时又因伊犁良好的气候摆脱了原有的封闭或半封闭形式,多采用一字形或曲尺形。院落以地的大小分为前院和后院:前院多种植果树、花卉,作为起居休闲之用;后院多饲养牲畜或种植蔬菜,兼堆放杂物。

伊犁地区的民居在庭院布局方面,一般采用果园和生活庭院相结合的独院形式,主体建筑采用米玛哈那式的生活单元。伊犁地区民居居住环境效果和南疆各地不同,是另一种风格。其主体建筑米玛哈那式的生活单元和其附属房间（厨房、库房、牲畜棚、饲料间及其他房间等),并不做围合式内向型的封闭空间,而是把所有房屋组成一字形、曲尺形、U字形等布置在庭院沿街的一面或沿街的一角,使建筑物对街与庭院都成外向开敞式。这种建筑处理方法十分重视建筑沿街立面和庭院内部建筑的艺术处理。伊犁民居中的大墙面基本都朴实无华,偶见有将墙壁外线凸出以示变化的。大墙面多平直挺拔无任何装饰,但在窗楣、檐口、墙角柱、廊柱等地方常加以精雕细琢,借此显示自己的特色。沿街的大门造型常和建筑沿街立面做统一考虑,作为整个街景立面的组成部分,这是和南疆民居只重视庭院内部空间的处理完全不同的另一种构思。在布局院内居住环境空间时,伊犁民居注重将主体建筑的外廊和夏天厨房以及廊前的葡萄架一起构成室外的绿色空间。

北疆虽也属干旱气候,但与南疆相比降水量相对较大,冬季寒冷,降雪量多,这里水源充足、土地肥沃、草木茂盛,种花植树有优越的天然条件。庭院不采用封闭式,对排除雨水、清除积雪十分有利。冬季雪后,人们将房前屋后、屋顶上大量的积雪堆放在果园里,丰富了果园的水源。北疆风虽大,但不具破坏性,很少有东南风吹来的沙暴天,防晒、防风沙等问题没有南疆那样突出和严重。但是,北疆寒风时间长、积雪厚,为防风保暖,北疆民居也喜欢采用柱廊,前室以米玛哈那式生活单元做主体建筑。这些都是北疆民居采用米玛哈那式单元形成开敞式庭院风格的自然因素。

伊犁民居的平面布局是各个地区迁入伊犁的维吾尔族在原有的建筑形式上逐步融合其他民族的建筑文化形成的。一般民居常将各种用房并列地安排成一字形,通常以一明一暗或一明两暗为基本单元。在伊犁民居的平面布局中,各居室功能明确,基本住宅为三间:进门一室为明室,是过渡性空间;左边的暗室为主卧室,也是会客室,室内有讲究且具浓郁维吾尔族色彩的装饰艺术;右边的暗室为次卧,是为老人和子女准备的,也是冬天的餐室。通常的住宅在三间之外还会增建一间贮藏室和一间厨廊,这样就构成伊犁民居的典型形式。也有的民居进深较大,房间较多,各室分布于前后两列,并安排挡风的门厅,其内部各室或套门相连,或以内廊相连,虽有外廊但整个建筑显示了较强的封闭性。

维吾尔族民居在新疆分布极广。除上述地区外,尚有巴音郭楞蒙古自治州南部各县、阿克苏地区的东部库车市、阿图什市及新和县一带,这些地区的维吾尔族民居既有上述地区的共同之处,也有自己独有的特征。

总体来说,维吾尔族民居是维吾尔族劳动人民站在自己熟悉的土地上,用勤劳的双手设计建造出的符合他们的地理、历史、文化、习俗的风土建筑。这些建筑较少因袭异地风采,多就地取材,这是维吾尔族民居构造方式的决定性因素,这个因素还决定着维吾尔族传统民居建筑的不同形式。

第三节
设 计 构 思

新疆地处欧亚大陆中心,是丝绸之路的必经之地。特殊的地理位置、独特的自然环境、民族的迁徙、历史政治军事的变革、宗教信仰与多种文化的交融,造就了新疆独特的城市与建筑风格。

| 一、影响设计构思的因素 |

1. 多民族聚居的影响

从民族迁徙方向上看,古代新疆的民族由东向西,而希腊人、阿拉伯人、亚利安人、粟特人则由西向东。其中匈奴人的西迁引起了欧洲的民族大迁徙,并导致西罗马帝国的灭亡。而后,突厥人、回纥人、蒙古人都先后生活在新疆这块土地上。有关今天新疆的主体民族维吾尔族的记载,最早见于《魏书·高车传》中的"袁纥",后来曾被称为"回纥",之后又改为"回鹘"。后来通过和蒙古族、汉族等民族的融合,叶儿羌汗国之后的维吾尔族成为新疆人数最多的民族。民族的生活习性反映了他们在长期以来的生存竞争中获得的优势,并具体地表现在对建筑空间的需求之中,也包括对色彩、图案、线条、造型等的追求,这些对建筑创作都有启迪作用,在传统建筑形式被逐渐淡化的今天,它们将成为新建筑创作的又一沃土。新疆维吾尔族建筑偏爱室内的庭院及蓝绿色,忽略建筑等级、对称等要素,直接呈现满足本原需求的建筑空间功能,其建筑布局因地制宜,很少依据形式构图,这些正是民族习俗、心态、审美观、价值观的体现。其中,和田民居外墙厚实而内部通透、喀什民居自由多变、库车民居大气、吐鲁番民居对拱结构的熟练掌握、伊犁民居多元融合等,皆与民族的变迁有很大关系。

2. 地理及气候的制约

新疆城市大多集中于干热气候地带,如哈密、吐鲁番、库车、喀什、和田等,各地的建筑布局和构造也十分适应当地气候特点——厚墙、小窗、高密度、内部庭院调节小气候等。新疆地区昼夜温差大、阳光直射处和阴凉处温差大,维吾尔族传统民居的屋顶、庭院便成为人们的生活中心,人们在建筑上创造了很多利于隔热、通风的空间,如南疆有庇夏依旺(带顶宽外廊,可供起居和夏夜睡眠)、阿克塞乃(类似中原民居中的庭院,中央或部分屋顶开敞)、阿依旺(即带天窗顶的内庭院)等,再辅以水渠、果园,成为优美、舒适的生活空间。

3. 文化的汇集与交流

古希腊的亚历山大大帝曾远征中亚大部分土地,并在此推行希腊化,据说罗马军团也曾到过新疆。公元前3世纪,印度孔雀王朝阿育王派僧侣传教于四方,中亚佛教得以广泛传播,并传到了新疆的南沿,由此传入中原。以后伊斯兰文化经中亚传入新疆,而中原文化又和上述文化融合。多元文化汇集影响了区域建筑、装饰、音乐、绘画、雕塑等各方面,如楼兰古城中的建筑梁柱、雕刻、器具等,除了具有汉风楚韵特色外,还有明显的西亚风、希腊风、印度风。克孜尔石窟、库木土拉石窟中的建筑形象也是多种多样的"世界式"。此外,希腊与佛教文化相结合的犍陀罗文化还影响了中原大地,在吐鲁番出土文物中的唐代斗拱、汉式木构房屋模型等都表明了多种文化曾经在西域这个大舞台上活动过,这种交汇和融合在人类文化史上是较为少见的。

二、传统民居设计构思

自古以来,新疆就以其独特的地理位置与文化背景立于多种文明的交汇处,毗邻国家的相互交流,各国之间的商贸往来,各种文化的输出与输入,尤其是古丝绸之路的开通,更使新疆成为丝绸之路经济带上尤为重要的枢纽。在这里,房屋的建造将西方以石构建筑为主体的构造方式与东方的"木骨泥墙"进行了很好的整合,西亚建筑文化中的几何图案和由几何图案演变出的类似植物藤蔓穿插的装饰也悄然走进千家万户,许多佛教建筑中的莲花图案与伊斯兰教建筑中的装饰纹样也被诸多民居采用。

各种不同文化不断滋养着维吾尔族传统文化,为维吾尔族传统民居提供了丰富的创作素材。维吾尔族传统民居因地制宜、趋于自然,其内部空间上下流动,平面构成划分细致,重视文化取向,既追求人居环境的舒适,又重视精神享受。

维吾尔族传统民居建筑是由工匠直接建造起来的。因为所谓的建造技艺及规矩尺度基本上是靠一代代工匠口口相传的,所以维吾尔族传统民居建筑更多的是一种沿袭或者是一种传承。维吾尔族传统民居建筑的设计构思一般由掌握各地传统民居建造技艺和施工工艺的工匠提出,他们结合住户的基本需求、家庭经济条件、基地周边环境及当地自然环境、气候特征、地形地貌等因素综合考虑,并与户主和周边邻居进行多次交流,在此基础上不断完善设计构思。设计前期阶段的沟通多以口头交流或画出简易的房屋总体布置图为主。

因新疆地处寒冷气候区,故设计时对传统民居建筑的方位十分讲究,主要房屋一般尽可能向阳。院落大多按地形及道路状况自由布置,院门开在对外交通方便的地方。维吾尔族民居一般分为两个相对独立的区域,即待客用房和自家用房。从建筑的形式上来分,维吾尔族民居又可分为开敞的庭院空间和封闭的居室空间。

另外,各地维吾尔族传统民居还会进行灵活自由布局,在营造设计时特别重视户外活动空间的设计,这是因为维吾尔族人平时待客、家务劳作甚至休息大多在室外。维吾尔族家家有果园,果园也是农村住宅的庭院中心。好客的维吾尔族人家,不论房间多寡,必定设有客房,以接待访客。他们在建造房屋前,始终考虑便于施工,以实现内外空间的交流,他们会合理设计庭院及其形态,同时会合理规划农具和粮食的储藏、牛棚、羊圈等功能空间位置。

第四章

维吾尔族传统民居建筑材料与工具

第一节
建筑匠作与营造分工

　　维吾尔族民居建筑材料可以分为两种，一种是自手工业时期就已经出现的自然材料，另一种是工业革命之后逐渐发展起来的人工材料。手工业时期建筑材料受到运输工具、动力条件的局限，基本上是从自然资源中直接获得的，如石材、木材、黏土等。建造师根据建筑基地周围的气候条件和资源分布就近取材，选择适合建造的材料，工艺表现以材料固有的颜色、质感、形状为基本内容，如干旱沙漠边缘的和田地区用黏土和干草砌筑墙体等。由于各地区之间自然资源的差异，使得维吾尔族民居建筑工艺表现出不同的地域性特征。

　　维吾尔族民居建筑材料加工过程在手工业时期的建造中多数由建筑工匠完成，是建筑工艺的基础环节，如石材加工，首先通过劈、截等工艺将自然材料进行分块，然后再用凿子等工具修形，最后进行打磨处理，不同的工具、不同的工艺流程能够带来同一材料的不同表现方式。进入机械工业时代之后，许多建筑材料经由工业生产加工而成，材料厂家的工程师从更科学、更专业的角度提供了材料加工的多种可能性。工业革命之后，建筑材料大规模工业化生产，钢材、玻璃、混凝土等人工材料广泛应用于各种建筑活动。19世纪末，焦炭和蒸汽机改变了传统的炼铁技术，转炉炼钢和平炉炼钢两项发明提高了钢材产量，钢材代替木材广泛地应用到建筑、军事、工业制造等领域。钢材、玻璃、混凝土等材料在建筑中的大量应用使得建筑师和工程师寻材、选材、采材的工作逐渐减少，他们更多的是从建筑的表现形式和结构功能等方面提出对材料属性的要求，材料表达的重点从自身基本属性的呈现发展成对整体视觉效果的追求和对于视觉效果象征意义的讨论。

　　维吾尔族传统民居在形成过程中，当地的生态资源对民居形式与用材的影响不可忽视。吐鲁番维吾尔族民居多生土建筑，这是因为吐鲁番深处大陆腹地，地形低洼，多封闭，气候高温酷热、干旱少雨、风沙大、光照充足、温差较大，生土的保温隔热性能较好，可以给室内营造一个舒适、凉爽的微气候环境，因此生土建筑成为适应吐鲁番地区特殊自然气候环境的建筑。喀什维吾尔族传统建筑木雕制作原料多选择当地特有的杨木、杏木和核桃木，这些木材木质细腻坚硬，锯成板材后，经过2～3年的晾晒后才进行雕刻，更显特色。喀什维吾尔族传统建筑装饰中的木柱、梁、枋上的木雕刻，以布满线刻和浅浮雕为特点，呈现出古朴的风格。现在，喀什维吾尔族传统建筑装饰中的木雕与石膏花、彩画等的配合使用，更丰富了建筑艺术的表现形式。如图4-1所示为喀什民居装饰工艺。

图4-1　喀什民居装饰工艺

和田维吾尔族民居在保留传统民居木雕装饰的基础上,其装饰材料、花纹、装饰手法变得更加丰富。新疆和田维吾尔族木雕工艺并不单纯是一种装饰手段、一种民间技艺,它处于和田这个多元文化共生的地方,既是文化的衍生物,又是文化的物化流传形态。以伊犁地区为代表,其民居建筑门窗颇具艺术特征,伊犁地区因天气比较寒冷且降水量大,所以此地的维吾尔族民居主要是以砖、木、土组合起来的坡式屋顶建筑。如图4-2所示为和田民居装饰工艺。

　　建造工艺的主要环节是工法和连接。其中,连接侧重构造的技术性处理,而工法则侧重构造的艺术性处理。除了满足功能性要求外,工法与装饰还构成建筑工艺表达的另一个主要方面,在手工业时代,工匠将从自

图4-2　和田民居装饰工艺

然界获得的建筑材料通过构造设计巧妙地组织在一起,形成建筑雏形。维吾尔族建筑品质的表达基本上是通过材料及工法相互结合来实现的,其表达的重点是建筑细部与整体意境。

一、工 法 表 达

维吾尔族民居建造工法对于单一项目而言是具有艺术表现力的工艺技巧。工法不仅有助于材料真实性的塑造,同时也是建筑崇高感的直接来源。维吾尔族民居建造工法表现在技术特征、装饰纹样等几个方面。

当然,在特定的科学和技术发展水平下,工法所表现出的技术特征并不是绝对的,而是相对于建筑师对材料属性和技术原理的理解及掌握程度而言的,其表现出的技术特征是不断变化的。

在维吾尔族民居中,砖的砌筑工法和砖雕是最具表现力的力学规则呈现。砖通常是由黏土经制胚、晒干或者烧窑制成的。维吾尔族民居建筑中用的砖的尺寸小、抗压性能好、抗拉性能弱,其最适宜的建造方式为堆砌。堆砌的砖逐层向内倾斜,于顶部交接在一起形成了拱。维吾尔族民居中拱形结构部分比较普及,鉴于古代工匠对单元组合方式及运动方式的认知,拱券衍生出以下两种结构形式:单拱沿水平方向延展,构成筒拱;多架拱券依次相连,构成多架拱。建筑的装饰从附属性的工艺逐渐转变为精致的构造节点,装饰纹样在形式美的基础上融入了功能特征。维吾尔族民居装饰样式一直以来都是建筑工法表现的主要内容。在历代建筑工艺中,具有装饰性作用的工法最为关注的两个核心问题是比例和纹样。

维吾尔族民居在建造过程中,工匠先根据图案的形式选料、拼花,再分别对每块砖进行雕刻。工艺精湛的工匠会根据砖雕的内容选择材料并设计材料的拼接方式,以保证壁面平整、砖缝细腻、拼花图案与雕刻图案浑然一体。工法所呈现的几何样式通常是有本可依的,这保证了建筑工法的基本效果。这里,精湛的工艺往往不是图则、法式中

图4-3　维吾尔族民居砖刻　　　　　图4-4　伊犁维吾尔族民居木雕

所规定的,而是工匠多年经验的积累与个人艺术修养的体现。如图4-3、图4-4所示分别为维吾尔族民居砖刻和伊犁维吾尔族民居木雕。

｜ 二、整 体 意 境 ｜

　　维吾尔族民居精致的细部设计是建筑工艺表现的基本特征,其并不是个体细节本身的展示,而是在于诸多细节联系在一起与周围环境和建筑使用状态共同构成的整体意境。

　　匠意是维吾尔族建筑工匠或建筑师经过长时间的实践之后积累的对于建筑特征、建筑工艺、建筑建成后整体效果的独特理解,是建筑、工艺、环境的综合表达。通常,匠意的表达并没有固定的法式规则。

　　与自然环境相比,维吾尔族民居是物质存在的、是有形的实体,而环境是无形的。当有形的建筑与无形的自然同时出现,维吾尔族人的先验性审美需求更希望建筑能够消隐在人们所熟悉与热爱的自然中,若隐若现的物质实体能够带给观者更大的想象空间。维吾尔族民居建造师大部分是民间匠人,他们认为,建筑活动中应该赋予概念优先权。这样,他们在进行工艺处理时希望工艺表现消隐在建筑意境中,以求达到建筑概念的完整表达。

第二节
传统建筑材料与工具

一、传统建筑材料

在维吾尔族传统民居中,建筑材料呈现出的形态、质感、颜色直接外化为工艺表现的一部分,材料的选择与应用是影响维吾尔族民居建筑品质的直接因素。新疆维吾尔族传统民居独具特色,其建筑材料以土坯为主,并且每家每户都喜欢在庭院里种植绿色植物并建造镂空的花墙晾房。虽然新疆维吾尔族民居建筑大多以土坯材料为主,但由于南疆、北疆以及东疆所处的地理位置和气候环境有所差异,因此便有了不同区域的不同土坯形制的维吾尔族民居建筑。喀什、和田地区的维吾尔族民居建筑便是典型的阿依旺形制的民居,其他位于南疆的地区如阿图什、库车、阿克苏等的建筑材料也有本区域的特色及个性。

以喀什、和田地区为代表的维吾尔族民居在选材上注重选用适于当地特殊自然环境和气候特征的生土,人们把生土和芦苇以及干草混合起来做成砖形,并用其筑成本民族独特的民居建筑。因为以生土为主的民居建筑材料会在一定程度上使生土土墙在视觉上看起来比较单一,所以喀什地区的民居建筑还会用到木材,如木质的廊柱以及门窗装饰等,木材在喀什民居建筑中的使用比例很大。喀什维吾尔族民居院门的装饰非常讲究,一般采用木雕进行门头、门扇和门框装饰,有的则用砖花式以及石膏雕饰进行装饰,使得整个大门看起来非常华丽多彩。

围绕着南疆塔里木盆地的高山山脚,是宽度几千米到数十千米的砾石带。在它和盆地内部的沙漠之间,分布着许多互不相连的黏土质冲积层,经由砾石带的潜流在此又重新现于地面。由于林木较少,气候干燥,在南疆各地及北疆部分地区多以黄土作为传统民居主要的建筑材料。维吾尔族民居中常见的材料主要可以分为自然材料和人工材料两种。其中,自然材料有土(制作砖和土坯块)、木材、石材、竹、沙和有机植物类(麦秸秆、麦草、稻草、苇草),人工材料有石膏、玻璃和油漆等。常见的建筑材料即土坯多用来做内外承重墙及院落围墙。砖要用于地基相对较差的建筑、基础、勒角及墙柱等处,一般在两层楼房中底层采用砖木结构。沙多用于砌筑墙体及地面铺装;石膏多用于室内墙面及壁龛的装修;石灰多用于胶结与粉刷;木材多用于装修以及屋顶天花板、大门入口等重点部位的装饰;苇草多用于屋面防潮、隔热,也有用于草泥围护墙的。

1.制造生土建筑的材料

生土民居主要用未焙烧而仅做简单加工的原状土为材料来营造主体结构,以黏土为建筑材料的生土建筑是与当地自然环境相适应的。在维吾尔族众多传统民居建筑中,以土坯房屋的生土建筑最为典型。以土坯垒砌或夯筑墙体的建筑工艺在吐鲁番吐峪沟具有两千年以上的传统。吐峪沟民居建筑多为1~2层,建筑墙体均用土坯砖砌筑而成,底层为土拱结构,二层建筑为土木结构,选用材料的性能决定了土拱结构的开间都不大,一般为3~4米。土拱砌筑是新疆地区较古老的一种建筑技术,比较适合吐鲁番地区干热少雨的气候条件,使用范围较广。

在生土建筑中,建筑用材麦秸秆、麦草、稻草等有机植物材料主要用作维吾尔族民居的表面处理,这些材料有拉结和黏结作用,较为常用。维吾尔族民居的结构构造通常为房顶为平屋顶,有呈网格状纵横交错的顶梁,上面铺苫席或苇席,然后抹泥。民居的廊檐部分有柱梁体系,柱头构造一般有两种:一种利用立柱顶部枝杈捆绑架设横梁;一种使用木工卯榫技术在立柱顶部增加托架,使顶部结构具有可靠的稳定性,上铺树枝、毛草、苇席等。

砖的砌筑方式大致可以分为墙体砌筑、拱券砌筑、装饰性砌筑3种。不同的砌筑方式呈现出不同的纹样与质感,直接影响建筑工艺的表现。

2.木质装饰材料

雕花木制材料在维吾尔族民居上的应用最早可以追溯到远古时代,这从现在出土的一些史前时期的木制生活器具及楼兰、尼雅遗址出土的木雕门框、雕花木柜等可以得到佐证。从文明的演化史角度来看,越是在生产技术落后的时代,族群文化艺术的发展受到自然条件的限制就越大。在这种情况下,生存的自然地理环境既在根本上决定了生产与经营的方式,又进而会影响艺术创作生成的基本格局。由于新疆绿洲地区缺乏适合雕刻的石材,因此塔里木盆地等绿洲地区生长的杨树、柳树、桑树等自然成为其建筑装饰的主要材料。此外,维吾尔族初始的游牧与草原文化,也逐渐形成了其艺术创作的基本观念,如在其艺术创作中会添加更多的附加性和功能性的装饰,或者强调门窗装饰的雕刻纹样,等等。由此可知,传统建筑门窗木质雕花成为维吾尔族具有地域性的装饰材料时也透射出了维吾尔族的视觉审美观。如图4-5所示为维吾尔族传统民居中木质装饰。

(a)室外楼梯间

维吾尔族民居中木材主要用在木柱、木梁、木地板、门窗、木雕等部位。和田维吾尔族民居中的木骨泥墙常作为主要围护结构和承重结构。从建造工艺来看,木骨泥墙房屋一般是木框架结构体系,木框架用立柱连接上下横梁,上下横梁分别称为地梁和上梁。地梁、立柱、上梁间加立小木柱,然后铺以苫席或苇席,最后抹泥——类似于中原的竹笆泥墙。

(b)外廊装饰

图4-5 维吾尔族传统民居中木质装饰

还有一种泥草墙,这种墙体非常粗糙,现在仍然流行于和田地区,大多数情况下用于牛羊马棚、院落围墙、住宅附属用房等的建造。泥草墙由直立安放并紧紧捆在一起的树枝或草上抹上一层灰泥构成,泥草墙这种构造方式现在在塔里木盆地周边的一些乡村绿洲及距尼雅遗址不远的村落民居建筑中广泛应用,且变化甚微。

在结构构件装饰中,承重木构架的柱、梁、檩等,其表面与端部巧妙地做出图案形状或装饰花纹,灵活简练,独具匠心。木柱是外廊式民居和阿依旺式民居的主要构件。木梁、檩条木雕以原色为主,花形丰富多样,雕刻精致细腻,在梁底和侧面采用镶贴、雕刻、彩画等手法做出花草纹和几何图案等。

(a)壁龛

(b)连廊

图4-6　石膏装饰

3.石膏装饰材料

雕花石膏装饰材料最早可以追溯到两河流域文明时期,当时,出于对原始宗教和神的崇拜,人们用石膏雕刻了众多神像。公元8世纪左右,石膏雕刻的题材除神像外,还逐渐出现了几何纹和植物纹。以后,石膏装饰艺术在伊斯兰教建筑中得到了较大发展。而新疆地区石膏花饰的传入约在公元8世纪,当时中亚被阿拉伯人征服,中亚艺术随之得到新的发展。新疆维吾尔族民居具有地域性特征的石膏装饰如图4-6所示。

建筑石膏可用来生产粉刷石膏、抹灰石膏、石膏砂浆、各种石膏墙板、天花板、装饰吸声板、石膏砌块及其他装饰部件等,是一种在建筑工程上应用广泛的建筑材料。按照传统的施工工艺,喀什本地产的建筑石膏常被用作黏结材料将砖基材与琉璃砖相连接。维吾尔族民居中石膏花饰的表现内容也多以植物图案、几何图案为主,其在维吾尔族民居中一般用于顶棚、梁柱、廊枋、门窗等部位,在表现形式上有单独纹样、二方连续、四方连续等,并可根据不同的形状组成适合纹样。石膏花饰彩绘主要有平涂、勾绘、套色、描金、退晕等装饰绘画手法。多种绘画手法相结合能够使绘出的图案内容丰富、色彩艳丽且不失乡土气息。红色、绿色、蓝色、白色、黑色等是维吾尔族具有典型特征的彩绘色彩,各色彩具有独特的象征意义。

新疆地区较为特殊的地理环境和文化氛围,形成了具有浓厚维吾尔族风情特色的石膏装饰风格,如图4-7所示为石膏彩绘。

4.拼花砖

拼花砖(图4-8)装饰属于工艺砌砖艺术,拼花砖以黏土为材料进行烧制,最终制成土红色或黄色的砖。维吾尔族传统建筑的拼花砖就是将拼花砖制成不同的造型,然后在建筑的墙面进行连续的拼接。拼花砖主要用作维吾尔族传统建筑的高级装饰,同时也是新疆维吾尔族独创的最具材料地域性特征的拼砖方式。拼花砖在喀什维吾尔族传统建筑中经常可以见到,一般多用在外墙、檐口、大门、窗等部位。一般的拼花砖是由一个以菱形或者六角形等为主的基本单位构成的几何图案,其整体效果看起来节奏感很强。

维吾尔族传统建筑拼花砖的装饰不仅简洁大方,而且统一协调且略有变化,造型也非常独特,雕刻技法高超。正是由于这些不同于其他地区的拼花砖装饰,才形成了维吾尔族传统民居独有的建筑特色。

图4-7 石膏彩绘

图4-8 拼花砖

| 二、传 统 工 具 |

1. 手工工具

在手工业时代,用于建筑工艺的工具可以分为加工工具和搬运工具两种:加工工具通常为简单的切削、打磨工具,工匠用其直接处理建筑材料;搬运工具通常为简单的机械装置,常用于建筑材料的运输或建造过程中提升重物等。加工工具又可以分为粗加工工具和细加工工具两种:粗加工工具包括斧子、锤子、凿子、锯等,主要用于建筑材料的开采和整形,决定着可利用建筑材料的规模和尺寸;细加工工具包括测量工具及各种刨子、刻刀、打磨用具等,多为小型金属器具,它们在建筑材料上留下的痕迹形成了材料的表观质感,是建筑工艺表现的主要途径。虽然根据被加工材料自然属性的不同,每种材料和每一地区的工具名称及细分种类有微小差别,但手工工具的操作原理与构造方式大体相同。如图4-9所示为各种手工工具。

手工业时代的搬运工具以人力、畜力、简单的水力和风力为主要动力,以杠杆、螺杆、滑轮、绞盘等为简单机械装置。尽管这些工具并不对工艺表现产生直接的影响,但是它们能够保证建筑活动中大型材料的来源,间接地决定了建筑规模、块材加工的完整性。以后,随着比例尺、水平尺、圆规、角尺和测锤等工具的出现,建造的标准性和精致程度有了相对统一的度量衡,建造过程中的工艺经验与工法样式得到量化,并以数据形式记载和传承,这对于建筑工艺的延续以及建筑工艺的表达起到了重要的作用。

维吾尔族传统建筑木雕制作采用的原料多是当地特有的杨木、杏木和核桃木,雕刻艺人会根据使用部位的不同,先将花卉图案绘制成

（a）锯子

（b）凿子

（c）木雕工具

（d）锤子

图4-9　各种手工工具

底图线稿,并将线稿平贴于木材之上,然后用木刻刀、尖刀、凿刀等工具对木材进行粗胚雕刻。加工步骤可从上到下、从前到后、由表及里、由浅入深,层层推进。经过雕凿后的粗胚,还要进行细节的细致雕刻,最后用砂纸进行打磨,使木雕光滑圆润。雕凿好的木雕可根据使用者的喜好覆色或使用本色,但大多要涂抹一层清漆以保护木材,增加其耐久性。经过上述一系列工艺后,木雕最后会作为装饰构件应用到建筑中去,形成华丽的建筑木雕装饰。

在维吾尔族民居营造技艺中,每个工种与工序都需要特定的工具。维吾尔族传统民居建筑工具种类繁多,从工种的划分来看,主要有木匠工具、砖匠工具和石膏雕工具等。

1)木匠工具

大木匠工具主要有锯、刨、凿、斧等。锯是大木匠中的主要工具,其用途主要是锯解原木。新疆地区建筑用锯主要有框锯、拉板锯、龙锯、大刀锯、钢丝锯等,其中以框锯使用最为广泛。按其使用方法与用途来分,又有截料锯、开料锯与榫头锯等不同种类。

刨是木匠用来平木的工具,目的是使木料的表面平整光滑。刨刃有多种,如方圆凹线等,刨又有长细刨、中粗刨、划刨、圆底轴刨、起线刨等多种类型。

凿是用来开凿榫眼的工具,常与斧、锤配合使用。凿主要有手工凿、凹圆凿、雕凿等不同样式。

斧属于劈削工具,主要用来劈、砍、削大料或作敲打用,以将木材加工成有平面的毛料。斧又分单刃斧(边钢斧)与双刃斧(中钢斧)两种:单刃斧是大木匠常用的工具之一,斧刃只有一个平面,主要用于劈削;双刃斧(即刃锋在斧的中间),主要用于砍,类似普通的劈柴斧。维吾尔族传统木工工具中还有一种类似斧头的工具——锛。锛也是一种平木器,主要用于削平木料,但是锛的使用方法是向下向内用力,这一点与斧有一些区别。手电钻、手摇钻主要用于打眼,如门窗板的拼钉眼、拼枋的钉眼、门窗槛的孔眼等。尺子主要有木折尺、五尺杆、大小曲尺、活动夹墨尺等。维吾尔族工匠还有一种自制的尺子,当地称木卡尺,其中间一条横杆上连接两个竖直向上可以活动的木条,主要用来测量榫眼。其他工具还有铲刀、刮刀、锤、墨斗、画线竹笔等。其中墨斗是传统的打线工具,由墨汁容器、线、线锤和脱线器4部分构成。打线时,先在木料的两端确定两个点,然后用左手握住墨斗,右手握墨笔轻按墨线,将其压入渗有墨汁的海绵,边压边拖线。到另一端时,用左手食指按住墨线并与事先确定的点重合,然后右手大拇指和食指捏起墨线,方向与该面垂直,突然松手,这样,墨线在木料上就会弹出一条笔直的线段了。

在木雕与较小型的构件制作中,小木匠工具主要以凿子为主,凿子主要有斜凿、正口凿、反口凿、圆凿等。小木匠工具除凿子外,还有敲手、锼弓子等工具,各种型号的工具加起来有八九十件。

2)砖匠工具

砖匠主要工具有开缝砖刀、勾缝刀、砖刨、斧、线锤、靠线板、灰抹子(铁灰夹)、担架、灰板、模板、锯片、泥桶、灰帚等。砖匠用丈量工具主要有折尺、丈杆、小曲尺等。

因为砖雕材料特殊,质地比较脆弱,因此砖雕工具不同于木雕工具,相对来说,制作砖雕工具的材料要更加坚硬。总的来说,砖雕工具主要有各种型号的雕刻凿、钻眼凿、木敲手、磨头(砂轮、油石)、方木槌(硬木、枣木制)等。

喀什砖雕的制作工艺流程:首先选择砖雕图样,然后将砖雕图样贴在红砖之上拓印图样,最后切割、雕刻、打磨砖块使之成为成型的砖雕。

3)石膏雕工具

维吾尔族民居喜采用石膏雕饰,石膏在维吾尔语中被称作"甘奇"。石膏可以浇筑成各种不同的形状,相对砖石来说更加便捷,成为维吾尔族建筑的一大特点。喀什盛产石膏,石膏因凝结速度快、容易雕刻、价格低廉而备受当地居民的青睐,至今仍被广泛应用在各种建筑装饰中。喀什传统建筑石膏雕花原料主要有石膏、胶、水泥、水等,石膏材料的选择又可分为哈万达石膏、热合石膏和斯拉金石膏3种,这3种石膏根据自身材质、性能不同所用的部位也不相同,其中以哈万达石膏和斯拉金石膏应用最为广泛。石膏花墙制作时主要采用斯拉金石膏作为材料,墙面根据户主要求可分为带色的和不带色的两种。其中,带色的在涂抹之前要先和其他颜料搅拌混合后再使用,根据雕花的复杂程度不同,涂抹厚度也不相同,一般为5~10毫米厚,特别复杂的纹饰可达15毫米厚,一般在墙面不是很干的情况下进行雕花制作。石膏雕花制作工艺分为两种:一种是直接在石膏板上进行雕刻的,在雕刻之前要先绘制一个具体的图稿,将图稿贴在石膏板上,再根据图稿进行雕琢。在制作之前先将底花以1:1的比例绘制在纸上,将纸粘贴在石膏板上,用针扎眼,再用布包的墨灰粉袋扑打,将花纹图案印在石膏上,最后用刀刻。另一种是用模具进行翻制,先将石膏花刻成模具,然后将搅拌好的石膏浆倒入模具中,制作时将模板抹上肥皂水,待半干状态时将浇筑好的石膏花饰倒出,然后用黏合剂拼贴在需要装饰的部位,最后再根据具体的装饰要求进行细致深入的刻画。在实际操作中,两种方法结合使用较为常见,先以模具浇筑,然后进行细化的雕琢,省去了大量的人力和物力,工作效率较高。

在维吾尔族传统建筑中,石膏浮雕、镂空装饰不仅用在室外柱间的连接处、外墙上,也用于室内的壁龛、墙面、门头、窗楣、窗套以及廊檐等处。其装饰的造型有长方形、拱券形、圆形等,纹样除常见的花卉外,还用炉、瓶等,尤其是卷草纹样,其纤细、流畅、缠绵、交融的特性为建筑镂空的连接和制作提供了便利。

2.机械工具

现在,随着科学技术的不断发展,喀什传统建筑装饰中的木雕工具得到了改良和发展,目前已开始采用一些先进的机械来加工生产木雕产品,这样不仅节省了木雕工匠的劳动量,而且极大地提高了生产效率。通过数控、电脑等先进电子设备准确地绘制出各种形式的建筑装饰图案,通过数控仿形加工技术,将设计好的各种部件尺寸输入程序中,再借助光电扫描输入和计算机图像处理,将要加工的零件图纸编写成数控程序,自动加工出花纹与造型。这些木雕机械的出现使得维吾尔族传统民居建筑中的木雕装饰产品生产效率更高,花纹更加复杂,形式更加多样,弥补了手工木雕的不足。

第三节
现代建筑材料与工具
对营造技艺的影响

一、传统材料与新材料的结合

现在维吾尔族民居装饰材料最大的特点就是材料的多样化,更新速度非常快,使用范围特别广。现今,随着科技的发展,一些新型的材料可以说是层出不穷,它们与建筑各部分的色彩搭配,形成具有现代化气息的装饰效果。所谓新材料，就是指随着科技的发展研发出来的以前从没有的材料，并且可以进行广泛大量的使用，如各种水泥、铝合金、塑钢以及玻璃钢等，这些都是一些比较常用的新型建筑材料。新材料的出现可以说是一把双刃剑，其在给现代民居建筑装饰带来空前发展的同时，也使人们逐渐淡化了传统建筑材料。

在维吾尔族传统民居建筑中，装饰艺术不仅是建筑本身重要的组成部分，而且还是维吾尔族独有的民族文化艺术。维吾尔族传统的装饰材料具有明显的地域性特征和民族特征，尤其是木质雕刻材料、石膏花饰、拼花砖材料等。自古以来，新疆维吾尔族传统民居就十分喜用木质雕刻、石膏花饰、拼花砖等作为装饰的重要材料，这些独具特色的传统建筑装饰材料还代表着维吾尔族的民族习俗及其传统建筑文化。建筑是什么风格、具有什么样的魅力不仅取决于其造型、色彩，更重要的是它是用什么样的材料建成的。当然，传统民居建筑装饰材料同样也要跟建筑的整体风格协调一致。维吾尔族传统民居建筑装饰艺术的传承与应用，无论是在造型上还是在材料或色彩运用上，都必须既要符合本民族的传统特色，又要结合现代建筑装饰艺术，这样才是真正地做到传统与当代的结合，其中尤以材料的应用最为重要。材料是建筑的根本所在，维吾尔族当代民居建筑装饰材料的运用既做到了传统材料与新型材料的结合，又找到了两者之间重要的契合点，最终使得整个建筑既不失传统又有创新。

二、传统工艺与现代技术的结合

建筑材料在建筑工艺中的作用从单纯的结构拓展到了结构与装饰兼顾。20世纪60年代之后，除了钢铁材料外，铝、合金铝、铜、钛等其他金属材料也越来越多地应用于建筑工程，金属材料应用在建筑上的观赏性价值被进一步发掘。人们思想观念的转变会对传统营造技艺产生影响,建筑材料的改变在一定情况下也会影响维吾尔族传统民居的构造及形式。在基础施工过程中,早期传统民居基础主要用毛石、片石或砖砌筑,后来则用混凝土或砖基础替代。在铺设屋面时,出于防水与降温的目的,有些建筑使用了现代材料如橡胶防水卷材等,虽改善了屋面防水性能,但也使传统的屋面做法技艺面临消失。在墙体砌筑方面,早期使用最多的是土坯块砌筑,但由于现在很少制作土坯块,故使土坯墙做法也面临失传的境地。现代建筑上砖砌比较常见,砖的形制与规格的改变影响了原有墙体的构造做法。

砖雕装饰艺术虽然在维吾尔族传统建筑中仍然很受欢迎,但建筑砖花式用的黏土砖只有在喀什市周边地区几家砖厂能烧制。这几家砖厂根据工程实际需要烧制砖块并运往新疆乃至全国各地,在工地搭建临时加工场地,用切割机、砂轮等现代机械设备制作各式花样的砖块,用现代黏结材料将这些砖块固定在建筑各部位上。近几年,有些多层建筑中钢骨架与砖花式工艺结合的例子逐步增多。现在,新疆各地的工匠已经熟练掌握了各种现代设备的操作技能,这在一定程度上改善了施工流程,极大地提高了施工速度和质量。

维吾尔族民居中的木雕、彩绘、石膏雕等传统工艺技法历史悠久,不仅是维吾尔族传统建筑装饰艺术的重要一部分,而且是维吾尔族人精神的寄托。对维吾尔族传统建筑工艺的传承就是对传统工艺技法进行保护和发展,将维吾尔族民居传统工艺与现代技术相结合,能够使之得到更好的传承与发展。两者在结合时一定要根据各自不同的性质和特点,最终找到一个契合点。维吾尔族建筑装饰传统工艺是其民族生活和文化相结合的艺术,其传统手工木雕、石膏雕工艺非常精美,无论是技法还是造型都极具民族魅力。

同时,促进与加强维吾尔族民居营造技艺中的传统工艺师与当代的一些设计师相互交流,可以更好地帮助传统工艺的发展,并可赋予本民族工艺品全新审美理念及审美内涵。以维吾尔族传统的角叶制作工艺为例，传统的铁艺装饰件制作大多遵循用火烧制并用铁锤进行砸形的工艺技法，很少结合现代制铁造型技术，所以这种传统工艺技法制造出来的金属造型既不精美又耗费时间。为了适应现代社会的发展和本民族的需要，就要将维吾尔族金属装饰制作技艺与现代制铁技术进行结合，以做到既能节省很多时间，又能批量制作出精美的装饰构件。但应注意，在与现代技术进行结合时，一定不能忽视对维吾尔族传统工艺的传承与保护。

| 三、现代化机械工具的使用 |

手工业时期，手工加工的构件很难实现精细化和标准化，建筑工艺水平的差异性较大。同时，由于动力的局限性，使得材料开采、运输与搬运等问题成为扩大建筑规模的障碍。建筑活动中的动力问题在工业革命后，伴随着机械工具的出现得以解决。

在维吾尔族传统民居砖雕、木雕和石膏雕等三雕工艺中，现代化机械工具也开始普遍使用。一般大料的切割已全部用机械工具，甚至在一些细部的雕琢打磨上，传统工具也被机械工具所代替。近年用于雕刻的现代化工具主要有电磨、电钻、切割机等，其中尤以石膏雕所用的机械工具较多。

现代化工具对传统工艺有较大影响，雕刻在以前需要小刀细刻，现在用电磨，虽然非常简单，但机械痕迹很重，影响了传统雕刻的工艺效果。在一些私人经营的三雕工艺作坊中，因为受制于经济效益，不可能完全不用机械工具，同时因为机械工具的普遍使用，致使一些工序被省略，相应的技艺流失，这些均使三雕制作已不能达到以前的水平。

随着数字机械工具在建筑各个环节的应用,建筑工艺与表达方式也在逐渐发生改变,这构成了数字时代建筑品质的新特征。与传统的制造技术相比,现代工艺操作原理由"去除法"转变成"增长法",制造方法由"有模制造"发展成为"无模制造",实现了加工效果的个性化、自由化和复杂化。近年来,数字机械工具的飞速发展给建筑工艺带来了新的活力。尽管建筑数字工艺技术体系还没有成熟,但数字机械工具给建筑设计理念、建筑设计流程、建造工艺等方面所带来的巨大影响已初现端倪。

　　近年来,新疆各地开办了多家装饰构件加工厂,这些厂家配备了现代化程度较高的生产设备及技术人员,大批量生产各种装饰构配件,传统加工方式已经被机械化生产逐步替代。目前,传统工艺只在历史及文物建筑保护与修缮工程或部分旅游文化项目中得以传承,传统技艺传承人数量越来越少,严重影响了传统装饰艺术的传承。

第五章
维吾尔族传统民居分类及营造技艺

第一节
维吾尔族传统民居分类

　　从民居建筑布局来看,维吾尔族民居可基本分为两类——阿依旺式民居和米玛哈那式民居。无论是哪种形式,都展现了强有力的视觉文化和艺术理念。其中,阿依旺赛来民居建筑主要分布在沿塔里木盆地沙漠边缘的城镇及农村,特别是和田、喀什等地,其中以和田地区的阿依旺赛来保存最为完整。和田地区属干旱荒漠性气候,全年少雨。面对严峻的生存环境,维吾尔族人充分发挥自身聪明才智,创造出适合在这种环境下生存的建筑物阿依旺赛来民居。阿依旺赛来是维吾尔族典型的土木结构平顶围廊式民居建筑形式,"阿依旺"是指建筑顶部突出的方形的结构,含有"明亮""光线""透风"等意思,"赛来"是指这种建筑里的客厅或招待客人的地方。

　　阿依旺住宅在漫长的历史演化过程中,早已融进了维吾尔族人民的生活中。阿依旺式民居的形制除了适于南疆特有的气候特征外,同时也反映了当地维吾尔族特有的生活方式,呈现出鲜明的维吾尔族文化情趣。

　　新疆属温带大陆性气候,几个大山脉形成的两大盆地里还有不少小盆地。这些小盆地由于地理位置的不同,气候特征各异,有的风沙日多,非常干燥;有的风雪大且寒冷。不同地区的人们为适应不同的自然环境和气候条件,结合当地的建材条件建造的民居各具特色:和田地区多选用传统全封闭的阿依旺式民居,喀什地区采用的是内向型的米玛哈那式民居、密聚式布局的街坊,库车民居为阿依旺式和米玛哈那式相结合的形式并配敞廊,吐鲁番民居则以土拱半地下室和高棚架为特色,而北疆伊宁则以历史街区为代表。

一、阿依旺的含义与类型

阿依旺是一种独特的空间营造,它的建造思想反映出新疆维吾尔族人在草原文化熏陶下对生存环境的具体感知方式。阿依旺式现已具有成熟的形制,它至少在3世纪之前就已经是当地人们喜欢的民居形式之一。从现在楼兰、尼雅等古代遗址的出土资料来看,阿依旺整体的空间建构是封闭的,它以中央大厅为中心,中部根据屋顶设柱子,顶部突出,高于周边屋顶60～120厘米,出屋顶的侧边做采光窗,此为阿依旺的普遍特征。通过平面的组合,可向四周延展,进而形成几组阿依旺空间。

维吾尔族人喜好在户外进行日常活动,"灰空间"便成了适应地域气候并结合当地生活方式的必然选择。维吾尔族民居中的灰空间有许多形式,有独立的室外灰空间檐廊式"辟西阿依旺"、中院式"阿克赛乃"、半开敞式"阿依旺"等。胡都木拜迪·伊相霍加故居是阿依旺特征的典型代表,故居包含了和田地区4种主要的阿依旺类型。这4种分别是开帕斯阿依旺(图5-1)、普通阿依旺(图5-2)、别里克阿依旺(图5-3)和俄罗斯阿依旺,除开帕斯阿依旺外,其他几类虽屋顶采光构造做法有细微不同,但都具有阿依旺的普遍特征。开帕斯阿依旺是指高侧窗突起部分的面积很小、在2平方米以内的阿依旺形制,有时也译成"卡拔斯阿依旺""卡帕斯阿依旺",意思是"鸟笼子似的阿依旺"。

历史悠久的阿依旺赛来不仅是新疆维吾尔族传统的民居建筑艺

图5-1　开帕斯阿依旺

图5-2　普通阿依旺

图5-3　别里克阿依旺

术,而且具有独特的文化内涵和艺术特点。其上的装饰图案更是秉承传统历史沿革,体现了维吾尔族建筑的历史、艺术、科学、社会、文化等多重价值。

具体来说,和田的阿依旺主要有以下3个作用。

(1)连接枢纽的作用。通过阿依旺联系周围不同功能的房间。

(2)家庭起居的作用。在炎热的夏日里,阿依旺中厅就是家庭成员白天纳凉休息、夜间就寝的场所。在日常生活中,这里还是儿童游戏以及妇女纺纱、织毯等的辅助空间。

(3)社会交往的作用。和田地区每年的沙尘天气有两三个月的时间,这对喜爱自然和欢聚的当地维吾尔族人来说,是难以接受的。阿依旺以室内空间的形式承载了室外活动的功能,是适应当地沙尘天气的半室外公共活动场所。每当有维吾尔族节日或聚会时,这里便成为亲朋好友欢聚的场所,人们既可以围坐在苏帕(不采暖的土炕台)上吃喝畅饮、谈天说地、吹拉弹唱,也可以在空地上载歌载舞。这也表明了阿依旺住宅中存在的另一重要文化缘由,即维吾尔族是一个极具集体意识的民族,这还可以由人们在日常生活中的表现来体现,维吾尔族人常常表现出明显的"扎堆"爱好,并积极频繁地参加族群间的大型集体活动,如木卡姆表演活动等。

在和田地区民丰县尼雅遗址,从那些袒露在沙漠中木柱的空间布局和结构造型中,人们已经发现阿依旺赛来的建筑雏形,有门、柱、木制框架等。这说明和田地区的阿依旺赛来建筑形制距今已有1600多年的历史。如图5-4所示为位于皮山县兵团农场阿瓦提村有座建于1915—1916年的典型维吾尔阿依旺赛来式的民居建筑吐尔地阿吉庄园。

可以看出,虽然从建筑的角度来说,阿依旺完全属于室内部分,是住宅内共有的起居室,但从功能上分析,它却是室外活动场地,是待客、聚会、歌舞、游戏、劳作等活动的场所。它在功能上并不等同于纯

图5-4　吐尔地阿吉庄园阿依旺赛来

粹的室内空间,在空间上也区别于室外空间,是室内空间室外化的一种创造,是一种独特的"中介空间"。阿依旺是一个能容纳各种行为的、兼具内向性和开放性的综合性空间,其比其他户外活动场所如外廊、天井等,更加适应风沙、寒冷、酷暑等气候,是根植于当地地理、气候及文化环境中的独特传统建筑形式。

｜二、和田阿依旺住宅的特征｜

阿依旺住宅,是指以阿依旺为特征和基本构成要素的维吾尔族传统民居的一种形式。它是一种在和田地区常见的土木结构的住宅,也是新疆地区原生态民居形式,是一种根植于新疆地域文化、自然环境中的本土居住建筑。阿依旺住宅名称主要是由"阿依旺"而来的,其他

图5-5　和田阿依旺

功能空间如卧室、厨房、储备间、过道等紧密围绕阿依旺构成传统阿依旺住宅。阿依旺住宅其实是一组结构、层次各不相同的建筑群，在具体的建造中它有着复杂的空间布局、多层次的构造特征以及多样化的艺术形式。如图5-5所示为和田阿依旺。

阿依旺住宅平面布局自由灵活、不拘一格，它不要求对称，无明显中轴线，大门朝向也无严格要求，但原则上应避开常年主导风向。阿依旺在功能布局上有一些明确的原则与特征。

从空间层次上来划分，和田阿依旺住宅室内空间一般可以划分成有家庭成员居住的主室区以及专门招待客人的客室区。主室区和客室区是相对独立的"群体组合"，通常各自或共同围绕一个或两个半户外活动的场所——阿依旺进行布置，通过起居空间或者过道相联系，在使用上有非常明确的区域划分。

和田地区阿依旺在平面空间分布上明显反映出4个层次：①公共空间，指主体建筑之外的整个院落，这是一个公共性的活动场所。②半公共空间，指阿依旺，是集聚会、餐饮、娱乐、生产为一体的半公共性场所；对于不同形式的阿依旺，其开放的程度也有所不同。③半私密空间——外间。④私密空间——内间。阿依旺在空间层次上分内部性和外部性两种。其内部性表现出功能上的私密性，主要是供人们居住休息的场所；外部性则是它和主体建筑以及院落之间有时采用木棂花格落地隔墙，具有一种"隔而不断"的关系，这里是非常通透的，并注重光线和空气流通的空间。在这里，可以近距离地接触和观赏外部的自然环境。

从对季节气候适应性来划分,和田阿依旺住宅的主室区又可以划分为夏居室和冬居室,这两种居室都是围绕阿依旺进行布局的。夏居室多用木棂花格窗或大窗户开向阿依旺以便采光,有的人家也增设天窗,使屋内既通风凉爽又明亮,室内后部靠墙处设苏帕,条件好的家庭还会在炕边立起整块图形精美的木棂花格落地,巧妙地分隔了室内空间中的就寝和交通区域,起到了私密性的遮蔽作用。冬居室常设在整个民居空间布局中最靠内侧的位置上,相对封闭,通过过道或外间与阿依旺联系(过道或外间在这里起到防寒门斗的作用)。因冬居室周边墙体基本不设窗,只在屋顶设置小面积的天窗来采光,所以具有良好的保暖效果。

吐尔地阿吉庄园是维吾尔族民居建筑中阿依旺式建筑的典型代表。吐尔地阿吉庄园现存建筑坐北朝南,共10间房屋,另有西面和南面的外廊,屋面设两个天窗,四周设有女儿墙,屋面材料以黄土和麦草为主。庄园室内外地面现为土地面,原为黄土硬化地面。其中,阿依旺内几乎都设置了土炕。庄园大木作主要为外廊木柱、阿依旺(内廊)木柱、屋架和墙内柱等,小木作主要包括藻井顶、天窗和门窗等。吐尔地阿吉庄园墙体结构及材料主要为和田地区或塔里木盆地南缘常用的篱笆墙,厚度很薄。篱笆墙外面用红柳篱笆和粗草泥抹灰,内面用精细草泥抹灰,内面绘制各种各样植物图案。客厅墙内设计有壁龛和精致的壁炉。室内绘制有非常精美的图案,如客厅南墙体绘制的完整的院落图案,分析认为可能是庄园完整的原始施工图。另外,有些墙体还见有石膏花图案等。

阿依旺式民居的其他房间通常围绕着阿依旺布局,建筑呈内向性、全封闭式,属单层实体。阿依旺住宅的构造特点是多在建筑的外部使用高大厚实的墙体,尤其是在建筑的西北部位,以利于冬季的防风,而在建筑内部则多采用回廊并使用柱子承重,这十分有利于平面布局的自由组合,从而形成具有宽敞空间的套间式复合空间。胡都木拜迪·伊相霍加故居使用了木框架结构体系。木框架结构体系主要有两种墙体构造,除A座两个居室采用土坯块砌筑外,其余的房间均采用和田地区传统的木骨泥抹笆子墙。故居的外墙上基本不设窗或仅在南向、东向设置小高窗,这种墙体布局与门窗设置,正是充分考虑了当地温差大这一特点,并有利于防尘防风沙。

阿依旺是一个具有宽敞空间的复合式套间结构,"通光透气"是其显著的构造特点,这十分符合现代建筑学原理中注重光和空气流通等特点。胡都木拜迪·伊相霍加故居阿依旺中的柱子以方形为主,装饰简洁。梁架根据阿依旺类型采用了不同的结构形式,有简易式、内叠梁式、外叠梁式等,这反映出不同的建造时代特征;在主梁上皆铺密肋梁,肋梁上架椽,椽上覆席,席上覆土,从而形成阿依旺"隆起的屋顶"。

| 三、米玛哈那式阿依旺的特征 |

米玛哈那是喀什维吾尔族传统民居建筑中的一组生活单元(图5-6),其主要由米玛哈那(客房)、代立兹(前室)和阿西哈那(厨房、餐室兼冬卧室)等组成,呈一明两暗形式。

米玛哈那呈横向布局,面宽三开间,10～12米,进深5～7米,向院面设平开窗,窗台低矮,窗向内呈喇叭形,房间明亮宽敞。室内三面墙设壁龛来代替家具,天棚木雕刻梁,墙上部和窗间墙的石膏花等装饰十分讲究。地面采用"苏帕"炕的形式,上面满铺地毯,窗挂两三层不同质地的窗帘,室内空间豪华。因米玛哈那主要用于待客并兼作主卧室,故称客房。代立兹设于中部,是进入米玛哈那、阿西哈那的过渡空间。它开间小,一般2.7米宽,进深同客房。室分为前后两部分,前半部为门斗,既起着防风沙、保暖隔热等作用,又有入室脱鞋、更衣及待客时配餐等功能;后半部一分为二,一半面向客房,是淋浴室,另一半

图5-6 喀什米玛哈那式阿依旺示意

面向餐室,是库房。阿西哈那意为"厨房",平时做厨房、餐室用,冬季因燃料紧缺,需一火两用,又变成了冬卧室。室内装饰和客房相同,装修仅次于客房。这一组房屋前还设有较宽的柱廊,柱廊并非起交通功能,而是日常家庭室外生活的重要活动空间。廊下设炕台,一般宽约2米,高45~60厘米,是待客聊天、纳凉休息、夏季就寝的地方,在气候适宜的日子里,可以说它有替代阿依旺厅功能的作用。

喀什米玛哈那式阿依旺单体民居布局紧凑、功能合理,其以阿依旺为核心,其他各类房间环绕四周,形成家庭起居活动的中心。另设前廊遮风避雨,廊下或葡萄架下设有炕或床。布局呈现外封内敞的空间形态,既利于挡风沙,又创造了适宜的小气候,改善了居住环境。

喀什米玛哈那式阿依旺中,若干个民居围绕一个阿依旺组成一个群体聚落,形成一个小广场式的公共活动空间。组群民居的布局方式是对外封闭、对内开放。各户的户门均开向"阿依旺小广场",与之相连的是带过街楼的时明时暗的小街巷,公共的大门开在街巷尽端。其空间布局的特点是:民居整体外部封闭,不开窗或开高窗,内部面向阿依旺(内天井)敞开,建筑空间环境与大自然融为一体。

喀什米玛哈那式阿依旺由阿依旺空间放射出去的街巷将不同层次的各个单元紧密连接。构成"民居—群体聚落—整体城市",会同道路、广场、绿地构筑的空间结构体系。各组群同中心阿依旺(更大层次上的阿依旺)的连接方式是放射式的。

第二节
基础、地面与地下室

| 一、基 础 处 理 |

维吾尔族传统民居营造技艺既包括建筑的墙体及木结构建筑结构体系,也包括建筑的基础、地面、楼板等组成构件以及楼梯、台阶、栏杆、隔断、门窗等构件的制作加工与组合。一些维吾尔族传统民居经过上百年的风风雨雨还能够保留下来,一方面在于其结构本身的稳定性,另一方面则在于其拥有坚固的地基基础。维吾尔族民居在营造之前,一般会先按地形地貌确定房屋的朝向,然后根据住户的使用需要确定房屋平面形式及尺寸,定台基、地下室位置。

建筑物地面以下的承重结构,是建筑物的墙或柱子在地下的部分,其作用是承受建筑物上部结构传下来的荷载,并把它们连同自重一起传给地基。建筑的地基是指建筑基础以下的土层,它承受着建筑物的全部重量。建筑物地基可分为天然地基和人工地基两种。建筑地基的大小、深度与房屋的整体重量及地质的密实度、干湿度都是直接相关的。新疆地区的地质条件相对较好,维吾尔族传统民居的地基多采用天然地基。在营造房屋时,地基、基础的坚固程度直接影响着整个房屋的稳定性。在做基础之前需要先平整地面,然后打桩放线。基础开槽的宽度一般为墙厚的2倍,深度根据不同地区的地质条件决定。

　　利用夯土做基础,此类基础的使用时间较长,直到现在一些偏远地区仍然在使用此种做法。现在工程中还有素土夯筑的做法,即在素土中略加石灰经夯筑而成,一般多用于基底。夯土的大致方法是分层夯实,维吾尔族民居也有大范围采用此法制作基础的,大到王城、佛塔,小到民居、陵墓等都有应用夯土技术的。在夯土的底部还有铺垫卵石或片石泥浆砌筑垫层的做法。此外,还会在素土中加入石灰,以加固基础。

｜ 二、地面铺装 ｜

　　维吾尔族民居的室外地面多以砖墁及夯土地面(图5-7)为主,传统古民居是用砖还是用夯土做地面,主要根据使用者的经济实力来决定。经济实力较好的人家多会使用砖墁的方法铺地面,经济条件一般的人家常仅对院落地面进行夯实。铺室内地面的形式相对较多,有砖、木地板、夯土等。按所用材料来分,铺地面的方式一般有以下几种:

(a)室内

(b)室外

图5-7 夯土地面

1.土作地面

(1)素土地面。素土夯筑的地面是维吾尔族传统民居早期的地面做法。最初多以纯净的黄土做材料,后来慢慢加入骨料、细沙等,铺黄土夯实地面。

(2)灰土地面。灰土技术的推广、普及约在明代,成熟时期则在清代。

一般维吾尔族民居还会在室内夯土地面上做两层草泥抹面,底层草泥抹面15厚,素土与麦秸秆比例10:3,麦秸秆与素土的比例按体积比计算,麦秸秆长度50~80毫米。面层抹灰:5厚草泥抹面,麦秸秆长度10~20毫米,涂抹时使地面尽可能平整。特别需要注意的是,应先按照上述配合比例准备原材料,再将素土与麦秸秆混合并搅拌均匀,然后加水搅拌均匀,使之无凝块,至表面沁水为止。南疆部分地区,如喀什、和田等地还会在夯土地面上铺苇席,苇席可以起到防潮、保温等作用。

2.砖作地面

(1)方砖地面。就是用红砖或青方砖铺的地面。受中原地区汉式建筑的影响,部分北疆、东疆维吾尔族民居在铺地面时也会采用青方砖。

(2)条砖地面。条砖墁在近现代的建筑中运用十分广泛,且衍生出多种墁排列形式。现在多采用红砖墁,如图5-8所示。

(a)条形砖拐子绵　　　　　(b)条形砖错峰　　　　　(c)方砖十字缝

图5-8　砖墁地面

砖墁地面铺设的步骤是:首先,进行垫层处理,普通砖墁地可用素土或灰土夯实作为垫层;其次,找平,按照设计好的地砖排列形式继续铺砖;最后,用细沙扫缝,洒水清扫砖面。

铺室内地面的要求相对于室外较严格。室内砖墁应以室内中心线为起始,从中心向两边铺。对于方砖墁地应注意"中整边破""首整尾破",通缝必须顺中轴线方向,即首先要找中,将中间一趟砖安排在正中,从中间向两边赶铺,中间一趟砖第一块应顺进深方向赶铺。

3.木作地面

木作地面(图5-9)就是地面铺杨木板或松木板等木材,下层做木龙骨架空,整个地面下部空气较为流通。南疆部分炎热干燥的地区多采用木作地面,由下而上向室内输送新鲜空气。伊犁地区在室内也使用此类地面做法,四周用青砖砌筑,在前廊侧面留有通气孔,夏季打开,冬季用砖和羊毛毡堵住,木地板落在木龙骨上,木龙骨落在基础上,基础落在地基上,木地板距地基约1米。有些住户会根

图5-9　木作地面

据需要适当抬高架空空间,利用架空空间做地下室存储杂物,并对外开设单独出口,这样大大增加了使用空间。

三、地 下 室

维吾尔族传统民居的墙体虽以土坯墙为主,但不同地区因气候不同,在墙基处理上尚有若干差别。吐鲁番地区几乎终年无雨,其建筑墙体大多用土坯砌筑,无须砖石基础和勒脚。吐鲁番盆地夏季酷热异常,避高温是民居的首要问题。为降低室温,这里的室内空间多向地下发展,民居一般都建有地下室、半地下室,利用地下凉气纳凉。为保证室内凉爽,民居多开天窗以通气、采光,侧窗少且小。室外环境空间——葡萄架空间大多与住宅相连,是重要的户外活动空间,主人家夏季待客、起居都在这里,有时甚至在此就宿。

喀什维吾尔族传统民居通常都建有面积不等的地下空间,而这些地下空间往往没有得到更加有效的利用。部分维吾尔族人以制陶为生,他们居室的地下空间常被用来烧制陶制品,更多住户只是把这些地下部分的空间用作储藏间。

半地下室(图5-10)作为伊犁民居中最为独特和隐蔽的空间布局,

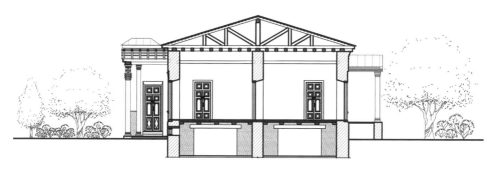

图5-10 伊犁民居半地下室示意

其主要特点有:室内空间一般只有1/3露出地平线,对外开窗,主要用于通风,这个露出的部分在白天也可以使地下室光线充足。半地下室主要有以下几种使用功能:其一,在新疆这个炎热而又干燥的地区,能够在夏天最为炎热的时候寻求一处比较凉爽的室内空间;而在冬天外面冰天雪地、气候寒冷时,居民可以在半地下室的空间内放置炉子,用以取暖,由此地下室被主人布置成起居、生活的处所。其二,有些居民会根据地下室的温度调节特点,将其作为储存果蔬之地。其三,主要作为储存杂物之地。

第三节
墙 体 砌 筑

| 一、墙 体 特 点 |

维吾尔族传统民居建筑结构体系分为两类:一类是生土建筑体系,其中有原生土建筑、全生土建筑和半生土建筑(土木混合建筑);一类是新疆传统木框架结构建筑体系。新疆的生土建筑遗存至今的有很多,其年代之久、保存之好、数量之多可为全国之冠,亦为世界罕见,如用生土建造的古城墙、烽火台、窣堵坡、佛寺、土窟、古堡、陵墓以及民居等,这些生土建筑的建造技艺正被以维吾尔族为代表的各民族人民继承、发展和丰富着。

1. 原生土建筑

原生土建筑的各部分受力构件（即基础、墙身、屋盖）是原生土，即非搅动土。其做法是在土层上挖坑为室、凿洞成屋。新疆地区在黄土坡岩上依山就势挖凿成的佛洞、僧房、民居，有柏孜克里克千佛洞、焉耆的石（土）窟、交河故城遗址建筑群、库车的库木吐拉石窟、吐鲁番民居的地下室及半地下室、吐峪沟民居遗址（图5-11）等。

图5-11 吐峪沟民居遗址

2. 全生土建筑

建筑的受力结构和维护结构都是用生土建造的，其中既有加工生土与原生土合造的，也有全用加工生土材料建造的。所谓加工生土，就是经过加工仅改变物理性能而不影响其质的变化的土，如夯土墙、土疙瘩墙、土坯墙等。新疆土坯砖有两种做法：一种是在土里加适当的水，经过人工拌和后，用各种规格的模具制成土坯砖并晒干；另一种是未捣动过的土经水浸泡后,待到一定的干度,由人工直接切割成土坯砖形状,再晒干。全生土的陵墓和低层的土拱民居,多为土坯砖砌筑,也有夯土和土坯合用建造的。全生土建筑在吐鲁番地区应用最多,南疆地区也有少量采用。

3.半生土建筑(土木混合建筑)

半生土建筑是用木材和生土共同完成房屋的承重结构和维护结构的,它的承重墙、隔断墙是夯土、土坯砖砌筑的。半生土建筑具体做法随地区气候和地质条件的不同而有差异,一般在炎热或寒冷且地震少的地区用夯土墙或土坯砌筑墙作为承重结构。地震多发地带,在土坯墙和夯土墙的下端加木质地圈梁,墙中加木柱,墙上端加卧梁木枋等。

二、墙体构造做法

1.土疙瘩墙、夯土墙建筑

全生土建筑的墙体主要有土疙瘩墙(图5-12)、夯土墙、土坯砖等。土疙瘩墙即将原土用水泡透,待到一定的干湿度,做成土疙瘩,随即甩压成墙,墙一般上窄下宽。夯土墙即把土夯筑成基础、台、城墙、窑堵坡、佛塔、佛寺、烽火台等,其做法有夯素土、夯混合土、夯加筋土等。因新疆各地区土质不同,故为提高强度和防止干裂,常在黏土里

图5-12 吐鲁番土疙瘩墙

图5-13 苏巴什佛寺遗址(刘芳芳摄)

加一点沙、小碎石或戈壁土,或在沙黏土中掺些石膏、石灰等,配成混合土。苏巴什佛寺(图5-13)墙的夯土步架层分别为10厘米、21厘米、28厘米、33厘米、42厘米、62厘米不等,交河故城佛寺的夯土步架层有60厘米、70厘米、80厘米之别。为了提高整体的坚固性,在夯素土或混合土时还会加筋,以提高抗拉抗剪能力,起到防裂缝和抗地震的作用。筋的材质主要有苇子、苇席、芦苇绳、芨芨草、红柳枝等,甚至还有木材。每隔一定高度加一层筋,筋有密有疏,各种建筑加筋的间距不同,有每隔7厘米加一层筋的,还有每隔14厘米、30厘米、45厘米、80厘米等加一层筋的。

吐鲁番地区的夯土模架做法是用直径7~8厘米的圆木,水平排列架成模架侧壁板(也有用木板做侧壁板的),竖杆相夹,斜杆支撑,每隔40~50厘米向上移动一次(每移一次留下的印迹即是夯土步架层,间距较小的印迹则是由木板做侧壁形成的)。模架长约3米。木制夯槌,直径10厘米左右;还有一种扁平夯槌,用于夯实侧壁处。夯成的墙有垂直墙和斜面墙(变断面),斜面墙底厚100厘米,上部40厘米。这种斜面墙多用于围墙,以改善墙过长的受力情况。另一种斜面墙,夯好后用工具将不平整的墙制成垂直墙,目的是使墙表面平整而又有密实的质地,便于装修装饰,多用于房屋。

2. 土坯砖建筑

喀什民居以土坯墙为主,和田民居多用篱笆墙。土坯砖可以砌筑各种类型的建筑物,也有采用夯土和土坯砖混合建造建筑的方法。古老的土坯砖尺寸,吐鲁番地区为42厘米×24厘米×12厘米,库车苏巴什

佛寺的土坯砖为42厘米×26厘米×8厘米,焉耆锡克沁佛寺的土坯砖为
32厘米×15厘米×8厘米。

喀什维吾尔族民居墙体的主要围护结构是土坯砖墙,还有少量的
木制梁柱和红砖。和田民居建筑结构体系主要有木框架编笆墙体系
和全生土、半生土建筑体系。其维护墙做法主要有两种:一种是编笆
墙,即在木构架上加密支柱和水平撑,用树枝条、红柳、芦苇束在构架
上编成笆子然后抹泥而成;另一种是插坯墙,是在木构架的立柱间加
密立杆斜撑或水平支撑,把土坯斜插在立杆间空隙内,两侧抹泥压光
而成。南疆编笆墙和插坯墙做法如图5-14所示。

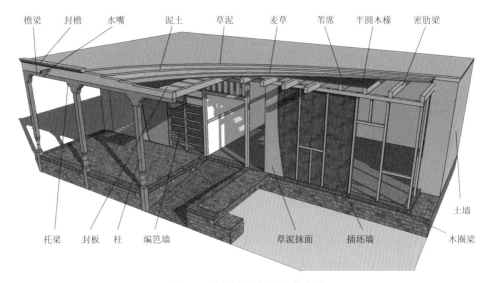

图5-14　南疆编笆墙和插坯墙做法

3.土墙砌筑技术

现在砌筑民居土墙的土坯砖尺寸通常为33厘米×16厘米×8厘米
(各地规格不同)。土坯砖主要有以下砌法:侧丁与平顺交替,侧顺与
平丁交错,侧顺与平顺交替,侧丁和侧顺交替以及全侧丁砌。如图5-
15所示为土坯墙体砌筑形式示意,各种砌法十分注意加强土坯间的联

系,常为错缝砌筑。土坯块侧砌速度虽然较快,但各层联系差,故只用在围墙和无开口的不承重房屋墙壁上。拱顶房屋的墙一般厚度在50厘米左右,墙上留壁龛的需要加厚到85厘米。部分干燥地区土坯墙下无基础,仅打夯整平基地,大多仅在墙内外勒脚处砌数层砖保护。吐鲁番土拱房屋,多是作为半地下室,墙的下部多为生土墙,就地挖成。拱脚墙一般高1.8米左右,拱跨3～3.5米,几个拱并列时基本等跨。

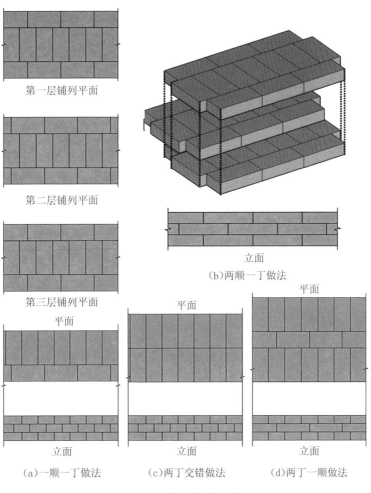

第一层铺列平面

第二层铺列平面

第三层铺列平面

立面
(b)两顺一丁做法

平面
平面
平面

立面　　　　立面　　　　立面
(a)一顺一丁做法　(c)两丁交错做法　(d)两丁一顺做法

图5-15　土坯墙体砌筑形式示意

| 三、墙体砌筑工序 |

维吾尔族传统民居的墙体一般较厚,多在50厘米以上。墙体根据房屋结构,可分为承重的墙体和只起围护结构的墙体等。

1. 土坯墙砌筑方法

先就地或就近制作土坯砖,然后四角挂线定位。土坯墙体砌筑方法有平砌(一顺一丁、二顺一丁)、立丁砌(一平一立丁)等,有序地采用混合砌、任意混合砌等方式。承重力大的拱墩和墙,多采用平砌,围墙多用混合砌。墙体砌筑于基础之上,砌筑好的土坯墙体内外侧一般均抹灰,其上再上石灰水2～3道。

2. 土拱砌筑方法

土拱和土穹隆顶,南北疆都有采用,以吐鲁番地区为最多,年代久远。吐鲁番地区因气候特别干热且无雨,故土拱技术运用十分普遍。吐鲁番地区的全生土建筑虽采用土拱顶,但平面布局不受拱的限定,房间布局既可等跨并列,也可非等跨并列,还可以垂直相交,甚至屋顶交叉可以不在一个平面上。土拱的做法自由灵活,使建筑富有生机并独具风格。如图5-16所示为吐鲁番民居中的土拱通道。

在吐鲁番地区,土拱还被用作楼梯,坚固耐用,这是在其他地方少见的。吐鲁番地区的无模砌筑土拱闻名遐迩,它的砌筑方法(图5-17)具体如下:

(1)先砌好拱墩和后墙,再在后墙上绘出砌拱曲线,照线砌筑。

(2)起拱由拱脚向中间贴砌,最后放中央的一块土坯砖。

(3)每行拱之间错缝砌筑,以半块土坯砖为准,至少要错开1/4土

图5-16　吐鲁番民居中的土拱通道

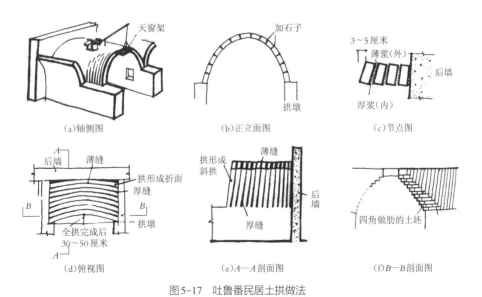

(a)轴侧图　　　　　　　　(b)正立面图　　　　　　　　(c)节点图

(d)俯视图　　　　　　　　(e)A—A剖面图　　　　　　　(f)B—B剖面图

图5-17　吐鲁番民居土拱做法

坯长度。

（4）砌时先抹草泥浆，并使靠拱脚部分浆厚些，拱顶部分浆薄些，使每一行拱形折面（或弧面）两端和中心水平投影距离在30～50厘米。

（5）浆缝本身上薄下厚（靠拱顶外皮浆薄，靠室内拱下皮浆厚），使每块土坯又有一定向上仰的倾斜度（土坯本身倾斜上下差3～5厘米）。

（6）在横向土坯间的草泥浆缝里加小石子做楔子，敲击楔石时从拱脚起，左右交替加，严禁从拱中先打。

（7）甩抹、调整草泥浆时，必须保持从中到边做下压向上抹的动作。

（8）土拱天窗开设的方法。在需开天窗的部位平砌平放土坯（1～3块），待天窗框砌筑好后再将平砌的土坯打掉即可。木天窗是将预制天窗木框架（需符合土坯倍数）先用木杆悬吊定位，再贴砌土拱使天窗框牢固。

（9）拱与拱的砌筑方法。把拱交叉形成四角拱肋的土坯挑出少许，将其后部用两边彼此垂直的拱券压着，如法砌好四角，形成一个挑出的收缩层，再将上面一层做肋的土坯挑出，用两边的拱压着后部，一圈圈、一层层挑出向上砌筑，最后收顶即成。

（10）砌筑泥浆。新疆生土建筑能保持上千年而不坏，其原因之一就是重视砌筑的泥浆质量，以提高整体受力强度。泥浆要选择优质黏土，含沙量大的不宜做泥浆。首先要把土用水泡透，再搅拌均匀，俗称"成熟"，泥浆中要加一定的麦秸秆，麦秸秆也要泡透，泥浆中土与麦秸秆的配合比（体积比）为10（土）:1（麦秸秆）。泥浆稠度要适中，过稀或太稠都会影响砌筑质量。砌无模拱、穹隆顶的草泥浆要求严格，其稠度以单手托起直径15～17厘米的泥团不致塌落为宜。砌筑墙的草泥要比无模拱、穹隆顶的泥浆稀一些，屋顶抹面层的泥浆更加讲究施工工艺。

第四节
木构架特点与做法

| 一、木构架特点 |

塔里木盆地南缘(以和田地区为多)的维吾尔族传统民居多以木框架系统配以生土材料建造。这类传统民居的柱基、地圈梁、柱、梁、枋、檩、椽、楼盖等都采用木材,形成骨架,再配以土墙、土屋面。墙有两种:一种是用土坯砖将地梁、柱等骨架全部包起来,墙虽厚但不承重,只起隔热、保温、防风沙等作用,这在和田、莎车、英吉沙等地采用较多;一种是用红柳等树枝条在木框架上编织成笆墙,两面抹草泥,笆墙不受力,起围护作用,隔热保暖性差,抗震性能好。屋顶结构是在木梁上搭放小断面木密肋梁,满铺半圆小木椽,铺苇席、麦草保温,抹草泥屋面。这种全框架结构多用于地下水位高、在春秋季节有地面翻浆的地区,如阿克苏、巴楚、焉耆、库尔勒等。此外,一些黄土中含沙量大难以制成土坯砖的地区,如墨玉、若羌、和田、于田、莎车等地也多采用。

新疆的木结构建筑构造做法历史悠久,在古楼兰、尼雅遗址及古丝绸之路南线各城镇的遗址中都可见到不少完整的木结构构造。这种木结构构造的形成,和新疆的木材来源、地理特征、气候特点和物质条件等因素有关,其与黄河流域的木结构做法以及长江流域的穿斗木结构做法有所不同:这两种木结构构造是将梁穿斗置于柱上,柱较粗,梁用榫头穿斗置于木柱上。而新疆传统的木结构是柱顶梁(托梁)的构造做法,柱上下端都有榫头,上端顶在梁上或托梁上,下端插在地梁上。柱上端又有托梁,托梁减小了梁的跨度和弯矩,加大了梁的受剪断面,提高了荷载能力。新疆一些城镇缺乏大规格木材和优质木材,为了使用小木材解决跨度问题,这里建筑的屋顶和楼盖采用了小断面密肋梁设置的办法,密肋梁可使楼面、屋面的力均匀分布,且用材较省。屋面又在小断面的密肋梁上采用满铺半圆木椽的处理,使之均匀受力,受力合理;梁、小密肋梁、满铺椽,都是层层搁放形成活铰接,房屋四周甚至中部的木柱下端加有地圈梁,框架柱之间又加斜撑等,使各构件整体受力,形成完善的木框架体系,适应了多地震地区的建筑需要。屋顶的椽上铺苇席、苇束、麦草、草泥,做成小坡度的平屋顶,既减小了风的阻力,又可隔热、防寒。新疆的木结构构造就地取材,因材制宜,受力科学,施工方便,维修简便,经济实用,十分适合新疆建材和气候特点,被当地居民普遍采用并不断加以完善。

二、木构架做法

维吾尔族民居在开工建设前常需要依使用要求对木材进行配料,材料需经过粗加工后运到民居选址附近码放整齐,后面再请工人在现场制作。维吾尔族民居建筑除木装修用的门窗、楼梯、栏杆、木棂花隔断等,其他木结构均以现场制作为主。

1. 木柱制作

柱类构件的4个面(纵、横两个方向)都应有中线(前、后、左、右

4条），多边形柱类构件除4条中线外还应有对角中线。柱类构件两端断面应有头线，头线与柱子侧面中线应垂直，不得有翘曲，原料的自然弯曲处应在画中线时调正。柱身纹样应与设计样板一样，有地圈梁、托梁的应在柱头留有榫头或榫眼，柱上各榫眼宽度的两边线应对称于立面中线左右。柱头托梁上檐梁的梁接头应尽量放置于托梁中线上。如表5-1所示为不同地区木柱特点。

表5-1　不同地区木柱特点

序号	1	2	3	4
地点	尼雅遗址	和田洛浦县杭贵乡伊山阿吉庄园	和田皮山县吐尔地阿吉庄园	和田布扎克乡B户
部位	木立柱及托架	内柱及木托架	内柱及木托架	内柱及木托架
时间	汉代	清代	1915—1916年	现代
材料	未知	杨木	杨木	杨木
造型描述	圆柱，木本色，柱子没有柱头和柱础。柱身中部旋削出造型，下半部分有竖条纹凹槽均匀围绕柱身。梁托扁且宽大，左右对称，梁托向内下卷的卷涡造型。正面上刻有简单的装饰花纹	方柱，柱身修长，木本色，有柱头，没有柱础。柱头雕刻呈不对称形，一面雕刻成向上卷曲的造型，造型侧面浅浅地雕刻一葡萄叶片形纹饰，搭配合理流畅。面对墙的方向不做雕刻。梁托造型左右对称，向柱方向卷曲造型。梁托正面刻有与造型相呼应的线条	四边形柱，柱较扁，木本色，没有柱头和柱础。柱身没有装饰。梁托由两部分拼接组成：上半部向内向下卷曲；下半部分造型向上卷曲，并刻有向上卷曲的线条与之呼应	六边形柱，柱体敦实，木本色，有柱头、柱础。柱头雕刻成放射状的小尖拱龛，形同盛开的花朵。柱身雕刻重点在上半部，以线槽将花纹分为几个区间，主要雕刻几何纹，采用二方连续的手法围绕柱身。梁托造型卷曲，左右对称

2. 梁类构件制作

梁类构件一般先根据房间跨度确定梁截面尺寸,再在木梁上搭放小断面木密肋梁,然后满铺半圆形或方形的小木椽。木梁上一般涂刷熟桐油,以对木料进行防腐处理。部分民居木梁饰以油漆,并用彩画装饰或在其下制作天棚,使得顶棚更加华丽。

三、木构架安装过程

木构件在制作完成经检查合格后,就可进行各构件的有序组装了。维吾尔族民居木构架的主要结构部分由柱基、地圈梁、柱、梁、枋、檩、椽、楼盖等组成,这些结构部分是木结构建筑比例和形体外观的重要决定因素。木构架是维吾尔族传统民居的承重部分,是整个房屋的骨架,在安装过程中应严格控制安装偏差。事先应编制好整个实施方案,根据民居建筑的设计需要,将木构架定位放线于所确定的位置上,谨防构件错位造成不必要的返工。在安装过程中要注意节点的连接牢固度,木构件间的连接节点主要是榫卯节点,是半刚性的节点。木构件的整个安装顺序应按"先内后外,先下后上"的原则进行:先放置地圈梁,安装下架里的柱梁,然后再安装下架外围的柱梁,经丈量校正后再安装上架里的构件,最后安装外边部分;将各构件依次安装齐全,榫眼接合时用木质大槌敲击(衬垫)就位。安装完毕后应对各构件进行复核、校正,然后便可以进行砌墙、制作屋顶等工序了。

维吾尔族民居中非承重的木构件由门、窗、隔断等组成。其安装工作主要在主体木构件及外围护结构(主要是指墙体与屋顶)完成之后进行,相当于现代房屋的装饰装修。门、窗、隔断等在安装过程中需要注意控制榫卯入位时的偏差等问题,以免出现边框碰撞无法合上的情况。民居的木质楼梯在安装前通常需要先组装好斜梁和踏步板,然后再与主体建筑结构连接固定。

第五节
屋 面 做 法

| 一、屋 面 特 点 |

新疆地区民居常会在椽子上铺苇席或麦草,并铺厚厚的苫背层,苫背层一般厚25厘米以上。屋顶为木结构,苇席保温草泥屋顶。屋顶木结构有3种形式:第一种是以维吾尔族建筑为代表的密小梁、满铺小椽、草泥平屋顶;第二种是以汉族、回族建筑为代表的大梁、檩、椽、飞檐椽的小青瓦或草泥单坡屋面;第三种是以俄罗斯族、乌孜别克族为代表的"人"字形屋架、檩条、椽子两坡或四坡顶草泥屋面或木望板铁皮屋面。随着各民族之间相互交流的频繁,各民族的营造技艺都得到了提高,这体现在维吾尔族民居营造技艺在不同区域都受当地民居营造技艺的影响,如伊犁维吾尔族民居在平屋顶上加设铁皮屋顶,这样有利于适应伊犁地区多雨的气候。

多层维吾尔族民居,其楼盖多为木梁木楼板或木梁密椽土坯草泥屋面,通过木楼梯连接上下层。如图5-18所示为维吾尔族民居屋顶。

（a）平屋顶 （b）坡屋顶

图5-18 维吾尔族民居屋顶

二、屋面构造做法

维吾尔族民居的屋面做法（图5-19）相对简单，其常就地取材，并根据当地工匠的做法灵活制作。维吾尔族传统民居一般在主梁上密铺小梁，再在小梁上密铺椽子，上面再铺苇席或麦草，最后做草泥苦背层。草泥苦背层的做法通常没有那么复杂，一般分层制作，先晾干后再抹另一层，涂抹时要注意向屋面排水口找坡。

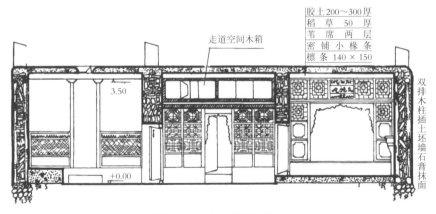

图5-19 和田民居屋面做法

檐口落水多采用木质雨水槽(也称"水嘴")排出,部分地区也采用铁质雨水槽,使用年限大大增加。还有部分干旱少雨地区的民居不考虑屋面排水设施,屋面主要起隔热、保温等作用。

吐鲁番地区民居的屋盖多用土坯拱券,以满足夏季隔热、冬季防寒的要求。喀什地区民居从楼梯上至二楼,常设有一个露天的平台,平台连接着楼上的各个房间。人们常利用这个平台,种植一些植物,使得整个庭院充满活力,特别是在夏季,这些植物还能起到降温、遮阴的作用,使得庭院可以形成自身的小气候。

三、屋面铺设过程

如图5-20所示为和田地区民居屋面示意。屋面铺设过程主要是:先在主梁上摆放小密肋梁(大部分),间距宜控制在30～50厘米,并用木板固定,再在其上满铺半圆木椽,椽子与椽子间紧靠,圆弧面朝室内,切面朝天,这在无形中装饰了室内空间。椽子之上铺苇席、麦草,最后在麦草上撒泥土,再分层涂抹草泥,底层草泥中的麦秸秆要比面

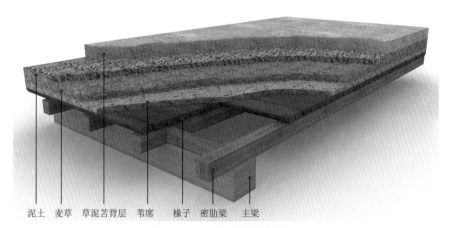

泥土 麦草 草泥苫背层 苇席 椽子 密肋梁 主梁

图5-20 和田地区民居屋面示意

层的长一些,顶层面层应抹面。抹面时应注意排水问题,应向排水槽找坡,且不可堵塞雨水槽口。

伊犁维吾尔族民居建筑的屋顶主要有平屋顶及坡屋顶两种形式。平屋顶和单坡屋顶是当地早期民居建筑屋顶形式中较为常见的。伊犁地区阳光充裕,当家中庭院不够用时,当地居民就常用屋顶作为晾晒水果、蔬菜的又一场所。坡屋顶在维吾尔族民居建筑中并不常见,近年来,由于伊犁地区雨水增多,加上受俄罗斯建筑风格的影响,现在这一地区坡屋顶的建筑形式逐渐增多。伊犁地区的坡屋顶形式以四坡为主,两坡较为少见。这种屋顶主要选用铁皮,其造型简单大方,有着浓郁的俄罗斯风情,成为伊犁地区维吾尔族民居建筑的又一大特色。

第六节
装修与装饰

维吾尔族传统民居不讲究对称与平衡,其在保持传统的基础上,经过多种不同文化的熏陶,并结合当地气候特点,不断进行融合,使得维吾尔族民居在装饰上变得丰富多彩。不仅如此,颇具生活经验和敏锐洞察力的维吾尔族人还会根据自己的生活习俗、道德观念、审美情趣,不断发挥想象力,对民居装饰中出现的装饰纹样及装饰手法进行大胆改造,将装饰艺术充分体现在生活中的每一个细节上。维吾尔族民居装饰构件大多不起承重作用,其承重结构也可展现出与装饰构件一样的美感,如柱子、拱顶、梁枋、木椽等。在维吾尔族传统民居内,总有一两个房间不装饰,这是因为维吾尔族人讲究不完全装饰,他们认为房屋装饰过分完美,会对主人不利。房屋主体建造完成后,如果没有经济能力进行整体装修,就先装修一间房屋,待住进去后,有经济能力后再慢慢装修,在喀什地区常可看到民居的主体完工后,院内外没有装修完好便入住的人家。

维吾尔族民居装饰图案造型多简练、概括,色彩对比鲜明,装饰造型表现的内容几乎都与当地人们日常生活中所接触且熟悉的事物相关,如日月、山川、花草、树木、昆虫等。维吾尔族民居装饰图案常显示出浓郁的地域特征,被展现的对象常取材于人们生活的环境中,在某种程度上是其所处自然环境的缩影。在对动物、植物等装饰图案的表现上,多展现被表现对象结构方面的对称因素,如植物的装饰多采用对称纹样的形式,这是基于现实生活基础上的视觉艺术元素组合与审美情趣的体现。其视觉艺术的造型形象表现既来源于现实生活,又不等同于生活中的实物,是通过概括、提炼、美化过的纹样,用以承载民族的情感及意志。装饰艺术表现无论采取刻、绘、雕、塑、印、染、织、镶、嵌、烧制等何种方式,都离不开其所处环境的物质供给。自然环境提供给了人类赖以生存的物质基础,也为装饰艺术的表达提供了源源不断的灵感与物质材料。维吾尔族民居建筑装饰材料主要以砖、土、木、石膏为主,这一方面反映出人与自然的依存程度,另一方面是维吾尔族人在长期的生活实践中认识、利用、改造自身环境的能动性反映于建筑营造技艺、装饰艺术中的表现。

维吾尔族装饰艺术以植物图案、几何图案和维吾尔族书法为基本主题,通过抽象、重复、连续和对称等方式创造出曲线纹样,在构图上则以线框和色块为主要元素,流畅刚劲的线条相互穿插,层次分明,生动有趣。维吾尔族艺术家在创作植物纹样时,并不仅是对具象的植物的写实,而是对其实体的抽象,是几何图案的变体,是装饰性和图案化的表现。如图5-21、图5-22所示分别为维吾尔族民居装饰中的外廊木柱花纹和室内石膏花饰。

一、装饰图案

维吾尔族装饰艺术体现在物质生产、精神生活和民族审美情趣上多层次、多元化的艺术特征。维吾尔族传统民居建筑上的装饰图案主要根据用材和建筑部位的需要而定,有彩绘、木雕、木拼花、石膏雕花、刻花砖等多种装饰技法。装饰纹样多以植物图案、几何图案等生活中常见的实物及维吾尔族书法为主,纹样图案美观、结构精巧、变化多样。

图5-21 外廊木柱花纹

图5-22 室内石膏花饰

1.植物纹样

植物纹样在维吾尔族装饰艺术中占有重要地位。植物既象征着生生不息、生命力延续,也展现出当地地理环境和自然生态环境。其表现的形象是新疆随处可见的植物,如无花果、巴旦木、葡萄、石榴等,还有各种植物的枝、叶、藤、蔓、花朵等。在民居上装饰的植物纹样色彩和线条生动和谐,富于变化,使建筑充满生命的律动和韵致。

2. 几何图案

以方形、三角形、星形、圆形、回纹、龛形、菱形等几何图案为基本纹样,经过变异、组合、交叉,又会衍生出丰富多样的几何纹和扭曲状编结纹。不同线条相互穿插、交错,在平面中展现出层次变化,线条装饰疏密得当,充分展现了几何图案的舒展、刚劲、流畅等特点。

3. 书法艺术

维吾尔族书法有多种字体。维吾尔族书法以灵动变化的曲线为主要特点,其线条流畅飘逸,具有很强的装饰美感。维吾尔族书法在装饰上的独创就是其运用了各种字体组成不同的形象,成为不同图案。以书法纹样作为建筑物装饰,显示了实与虚、具象与抽象相结合的无穷魅力。

| 二、装 饰 部 位 |

1. 外廊

喀什地区夏季气候炎热、风沙较多,为了适应这一气候,喀什地区民居一般都设外廊(图5-23)。喀什地区民居的外廊相较于其他地区民居的外廊,其最大的特点就在于它除具有交通功能外,还是人

图5-23　伊犁民居外廊

们喜爱的室外活动空间。一年之中,人们有大半时间是在外廊的土炕上度过的。在这里,夏季可以乘凉、吃饭、待客,冬季可以晒太阳,这也使得喀什民居的外廊形成了自己独有的民族风格和地方特色。外廊柱子分为3部分,即柱头、柱身、柱裙,两柱头间常做双拱,券脚部做透空木雕花,一般采用五合板雕刻成各种透空的花饰,双拱券交会处悬吊木雕石榴(形似汉式建筑中的垂花柱头)。有的柱子和拱券色调一致,有的分段涂绘,色彩各异,一般以暗红色、灰绿色、天蓝色居多。外廊既可以连接室内外形成过渡空间(灰空间),又可以避免阳光直射室内。

2.壁龛与顶棚、藻井

虽然维吾尔族传统民居中的家具很少,但有多种多样的壁龛,壁龛内通常放置器物、日用品、手工艺品等。维吾尔族民居中的壁龛造型多从佛教建筑中借鉴而来,大小、样式变化丰富,使墙面装饰既具秩序感又富于变化。壁龛多用石膏雕花、木雕等装饰手法进行修饰,并加以彩绘,整体美观,色彩明亮,使得壁龛成为整个居室最抢眼的部位。各种壁龛大小不一、种类不同,主要可分为4种,即买热普、塔克恰、加万、斯奎谢。其中,买热普多用于存放平时所用的被褥,是室内最大的壁龛,在民居室内多设在西墙上,沿大壁龛做石膏雕花;塔克恰用于存放灯、碗碟等物品,位于买热普所在墙面的两侧,也有很多维吾尔族家庭将塔克恰设在民居室内的长廊上,用来摆放各种装饰品;加万是位于买热普两侧的木门壁柜;而斯奎谢则多设于门顶,用于装饰。大多数维吾尔族民居壁龛中存放被褥的买热普的装饰造型基本一致,而塔克恰、加万、斯奎谢和其他较小尺寸的壁龛,造型则千变万化,且大小不等、宽窄不一,基本上为拱形尖顶。这些壁龛和各种纯装饰用的小壁龛使室内装饰立面丰富多彩,成为维吾尔族传统民居室内空间民族装饰特色的主要符号。此外,很多维吾尔族人家还喜欢将壁龛与室内的壁炉组合在一起装饰墙面。壁龛十分注重平面装饰的立体化,虽然造型简洁,但能充分表现出立体感和层次感,使室内显得宽敞、明亮,兼具实用性与装饰性。新疆维吾尔族民居除少数外,常会将檩、椽合一处理,并将望板换成苇帘、苇席来铺设,使室内顶棚呈现出简洁而朴素的形象。新疆维吾尔族民居顶棚喜欢采用密肋梁、"瓦斯屈勒普"的处理,密肋梁的截面尺寸相对于一般梁檩可相应变小,一般为10厘米×15厘米至12厘米×18厘米。"瓦斯屈勒普"是指将小规格(直径5厘米左右)的树干一剖为二,平面朝上、圆弧朝下,一个挨一个地满铺于密肋梁之上,上面再铺以芦席、芦苇等,最后抹草泥封顶。在密肋梁、满椽之下不再覆盖他物,直接当望板,简洁而古朴。一些考究的人家还在顶棚上做藻井,装饰各种图案和线脚,并涂油漆或施彩绘或以木刻做修饰,内容大多以植物纹样和二方连续纹样为主,也有用风景和植物搭配做装饰并以竖纹二方连续雕刻为主的,使整个房间显得富丽堂皇。

喀什传统民居内的家具主要有包铜花木箱、彩绘衣柜。维吾尔族人一般不在家里布置桌椅等家具,他们平时休息都是盘腿坐在土炕的地毯上,因此每个家庭都备有坐垫。维吾尔族人休息的土炕并不烧火,其内部是实心的,上面铺满色彩鲜艳的地毯。

3. 木柱与檐口

喀什民居檐部多采用黏土砖砌筑挑檐,封檐多由通长方木或砖做成,檐托由小断面密肋梁的端部经过雕刻加工装饰而成。庭院中的房屋外墙面及门窗间的墙面装修,有的用石膏抹白色墙面,有的为石膏雕饰花纹,有的在清水砖墙面上用砖拼砌成多种砖花图案,不管哪种方案,其整体色调都比较素净。此外,维吾尔族民居庭院中砖砌楼梯也多用砖拼饰,图案非常精致,维吾尔族人常会在楼梯护栏上放置植物装点庭院。庭院中地面多用砖铺。整个庭院从外廊到墙面、门窗、檐口等处均进行了相应的装饰,这些装饰与花木交相辉映,形成温馨舒适、雅致宜人的生活环境。

维吾尔族民居建筑装饰艺术是根据本民族的特点、人们的生活习惯、当地的自然环境以及材料来源,经过千百年的演化而形成的,具有很强的地域特色。现在,随着人们生活水平的不断提高,传统建筑装饰不再局限于普通生活的需要,而是更加注重装饰的表现方式和技艺,它们逐渐融入现代装饰设计手法,在保护本民族民居装饰特点的基础上,创造出更加精美优雅的装饰纹样、装饰色彩、装饰手法,使传统建筑装饰的发展空间越来越广阔。

维吾尔族传统民居院落布局一般为封闭式内向型,其空间具有围而不死、封而不闭等特点。建筑各部位空间连接延伸,相互渗透、互为补充。在院落空间上,维吾尔族劳动人民善于利用层数的不同、层高的差别、檐部的延续以及柱廊的安排,加之以栏杆、楼梯、天桥的巧妙处理,使空间完整而丰富。

维吾尔族传统民居院落内的房屋主次分明、重点突出。院落虽为不对称围合院落,但建筑处理有高有低、错落有致。具体来说,维吾尔族传统民居房屋主体主要有以下几种特点。

(1)采用不同尺度,突出主体。主要房间的开间、层高较次要房间高大。

(2)主要房屋安放在主轴线上,且主轴线设计是随地形变化而设立的、非对称的。

(3)利用地形设半地下室,抬高主要建筑的标高,突出主体。

(4)主体建筑设柱廊,有时甚至会将主要入口柱廊檐部再提高标高。

(5)主体为一层,但尺度较高(层高为3.5～5米),次要房屋为两层,尺度较低(层高为2.2～3米)。

(6)主体建筑的装饰标准高,次要房屋装饰标准低。总之,在建筑尺度、层数,装饰的繁简、色彩和用材的优劣等方面均精心安排,以突出主体。喀什民居对室内采光要求不高,主要房间也仅在面向庭院一侧开几个窗口,对外界则完全是封闭式的,有些房间则完全靠天窗采光,因此室内光线不足、空气流通相对不畅。但这种封闭式房屋也有其优点,即夏天室外的热空气不易侵入,可以较好地保持室内温湿度,冬季对保暖防寒也有利。

第七节
建筑建造工艺

一、建筑立面建造工艺

维吾尔族民居因其所处的地域及气候条件,其建筑立面的建造工艺和文化审美取向不同,也形成了其独特的立面风貌。

以和田地区民居为例,和田地区民居的整个建造工艺可以总结为一条原则,即对材料巧妙的组合,并且尽可能使建筑是完整且一体的结构。对于和田民居建筑结构来说,只有当它所包含的各个部分是不可被分离或移动的时候,才可以说是完整且一体的,但这里说的各个部分并不包括建筑每一条线的连接点及其配件。维吾尔族民居各个部分是不相同的,其材料与建造方法从根本上也是不同的。维吾尔族传统民居建筑中,基础需要以一种方式来处理,转角以及门窗开口的边缘则是另外一种处理方式,而墙体的外表皮做法又与其中间填充的做法不一样。

1.阿依旺木结构建造工艺

维吾尔族民居房屋是木构架与密肋梁相结合的平顶房,墙壁多为生土夯制或土坯垒砌而成。建筑外侧很少开窗,在处于中心地位的大房间设置由木柱网支撑的侧开高天窗,阿依旺内部形成有盖带天窗的天井。在和田民居的建造工艺中,阿依旺厅算是最有分量的一部分了,同时也是最有艺术特点的。和田地区的民居建筑主要采用以木构架为主的骨架结构体系,在阿依旺厅的建筑中,木构架好比动物的骨骼,对整个建筑起着支撑作用。和田地区建造民居建筑时首先要选择优质的木材,树干要笔直。选好木材后,再通过锯、刨、刻、雕等工艺处理手法,制作阿依旺厅内柱子上和横梁上的装饰图案。木柱与梁拼接之前要先雕刻梁和木柱上面的装饰纹样,先将这些装饰纹样雕刻好后再将梁与柱子拼接好。阿依旺的施工顺序与现代建筑中砖木结构的施工顺序有所不同,在建造阿依旺厅时要先将基础砌好,再将支撑的木柱立起来。和田民居梁柱构件的拼接,榫卯主要用在梁和柱子的拼接上,其上下构件的拼接要先搭接,再用暗销加固即可。和田民居建筑中的柱头上都有一块托木,民居建筑的梁与柱头的接合方式有两种:一种是梁与托木在同一方向,左右的梁放在托木上,两梁接头正对柱心;另一种是梁与托木相垂直,左右二梁置于托木之上,梁头伸出在托木两侧。在梁上铺设椽,椽上面铺设草席或者木板,上面再用泥巴封顶,顶盖出檐很深,做工细致,在柱头、檐口木装饰上雕刻有纹样装饰,这是一种半开放式的生活空间。如图5-24所示为阿依旺出屋面做法。

图5-24　阿依旺出屋面做法

　　维吾尔族民居的基本形制分为两大类：一种是阿依旺形制，另一种是米玛哈那形制。在此基本形式的基础上，房屋的平面布局及功能和庭院的配置，不同地区为适应当地的气候环境，因材制宜，创造出具有地方特色的民居。

　　阿依旺形制的民居，是由一个向心式内向型的封闭空间组成的。整个民居除户门外，在外墙不开其他任何门窗洞口。民居平面、空间布局特点以阿依旺厅为中心，四周布置其他用房。大的阿依旺厅面积有80～100平方米，一般大小的也有40～50平方米，最小的也有约30平方米。厅内设柱子，一般是为设置高侧窗采光、通风而采用的，同时也是为了解决大空间的跨度问题。靠柱子及周围墙体设土炕台，炕高30～45厘米，炕台一般宽2～3米，也有做到3～5米宽的。

　　阿依旺民居一般由3个房间组成，正中间的为客房（也是主卧室），它的开间大于进深，平天窗采光，室内后部设炕台；前部为走道，通向两端房间。走道一端是冬卧室，另一端也是卧室，另兼作家中常用物品存储处，这种房间维吾尔语称"沙拉依"。围绕阿依旺有单独的客房、厨房、库房和其他杂物房等，有的房间之间相互连通。阿依旺是周围各房间的联系和交通，多作接待客人、休闲纳凉、进餐宴请之用。农闲、节假、喜庆时，能歌善舞的维吾尔族人欢聚在这里唱歌跳舞，平时这里还是主人家养蚕、纺纱、织地毯等活动的场所以及农务劳作的辅助空间。

米玛哈那是客房之意,其既是卧室也是起居室,由代立兹进入,一般位于左侧。南疆米玛哈那面宽6~9米,进深和代立兹一样。南疆喀什、和田、库车等地的米玛哈那,面向庭院开2~3樘双层侧窗,门靠前墙,门正对的房间后部设土炕;北疆的米玛哈那面宽与进深相近,约呈方形,以减少外墙的散热,门一般开在代立兹中部房间两面侧墙(一墙朝向院落,一墙朝向街道)上,都开2~3樘窗户,室内不设土炕。南北疆的米玛哈那都是建筑的主要房间,是整个建筑中空间最大最高、装饰最好、陈设最讲究的房间。米玛哈那在功能上既是起居室兼客房,同时也是接待亲朋好友、欢庆节日、举办喜事、欢歌起舞的理想场所。

2.檐口建造工艺

和田地区传统民居建筑非常注重自身文化内涵,其民居檐口这一细部构造是民居内部空间和外部空间结合的体现。和田地区民居建筑上的檐口部分既有实用功能,同时也有相对的装饰艺术效果,是在建造过程中总结出来的一种建造形式,也是和田民居建筑文化的重要组成部分。现代建筑材料的发展变化,影响了和田民居建筑檐口的建造形式和建造工艺。具体来说,和田地区民居建筑的檐口主要有硬檐和出挑檐两种。

硬檐的特点是檐口的上、中、下3处材料不同,最下面是木质材料,中间是砖块材料,最上面是泥巴糊顶。在施工建造时,首先是在檐廊的梁上搭椽,在椽的上面铺设望板或苇席、苇帘,将其作为檐口的基础,再将烧制的砖一个棱角朝外有顺序地铺设在上面,或者拼砌事先切割好的不规则的砖块,摆出精美的纹饰造型的线脚,并且形成一个外挑的形态,这样可以防止砖下面的椽和梁自然腐蚀。同时,在其顶部还用泥巴加固掩盖以起到保护的作用。可以说,硬檐的建造工艺是砖块与木料完美的结合。

出挑檐以木材做封檐,这和当地的干旱气候有关。和田地区年降水量极少,对木质建筑材料不会造成太大的腐蚀影响,在对檐廊、檐口进行选材时主要是选用木材料。其表现方法主要有两种:一种是在建造时将椽搭设在檐廊的梁上,并将椽头延伸出梁约20厘米,延伸出的椽头上雕刻装饰的纹样,拼接在檐下的木梁上,在椽上面铺设木板,铺设的木板一般多出椽头3～5厘米,这样对梁和椽可起到保护作用,木板上面再糊上一层泥巴进行封顶;另一种出挑檐是以彩绘的形式进行表现的,其内部结构也是用梁、椽、望板铺设,不同之处是其处理檐口时将椽头用石膏板或木板密封,并在密封的板材上面施以彩绘。有些人家非常讲究,将图案在木料上雕刻出来,或用三合板、五合板制作出来固定在檐下的木梁上,并将图案涂上油漆进行美化。

3.泥抹笆子墙建造工艺

和田地区维吾尔族传统民居墙壁主要有"索合马塔木"(泥砌墙)、篱笆墙和土块墙3种。其中,索合马塔木即用房屋周围的土和成泥巴堆砌的墙壁,墙基的宽度在1米左右,墙身厚约0.5米。墙干后上房顶,先在木梁上平铺一层苇笆子和苇席,然后在上面抹泥。这种房屋没有房檐,墙四周有窗,房顶有一天窗,用以透光通风。篱笆房用树枝条编成篱笆墙,在篱笆里外抹泥,墙四周有顶梁柱,房顶抹泥。篱笆房是一种古老的建筑方式,现在和田地区的一些老宅还存在这种建造方式。土块房用土块垒墙,留门留窗,用泥把土块墙里外抹光,墙外刷白灰,平房无房檐,房间有大有小,宽敞明亮。土块房墙壁的作用不只是防风御寒,还是一个围合空间的重要结构物。墙体主要指所有从地面向上升起用以支撑屋顶重量的结构,其作用像屏风一样,可以为建筑物的室内部分提供私密之处。这种墙体建成的房子防寒保暖,深受维吾尔族人的喜爱,如图5-25所示为和田地区笆子墙。

和田地区民居虽大多仍以木柱框架笆子墙为主,但因当地土质黏性相对较好,所以墙体部分有清水笆子墙、抹面笆子墙、笆子夹土坯

(a)外部

(b)内部

图5-25　和田地区笆子墙

墙、木框架土坯墙等多种砌筑方式。一些住宅还利用相对较多的木材,在大门、入口、栏杆等部位精工雕刻或拼接图案,使居住建筑的外观更显丰富。在一些土质较松、黏性较差的地区,民居建筑主要是泥抹笆子墙砌体,建造方法是先用木头打桩,用直径10厘米左右的木头横架成框,构成房屋框架,用红柳或者灌木的枝条扎成篱笆墙,在外面抹草泥,还有用树枝、苇秆或灌木枝条编织成篱笆,并在其上抹草泥浆而成墙体的做法,这种做法可以说是非常生态的。由此可以看出,维吾尔族人为了安排自己的居所,可谓把生土用到了尽善尽美的地步。泥抹笆子墙的墙体厚约10厘米,且坚固耐用、便于施工,深受当地人欢迎。在建造前,先选好屋基,把墙基四周的土挖松,引来渠水和成泥,用脚把泥踩"熟"了,用坎土曼挖起泥,沿着墙基垛成一个四方形的墙体,待墙体将干未干时,在墙上掏出一个门洞,墙顶上架上檩和梁,铺上椽子与苇席,盖上顶土和顶泥,这样民居建筑基本就完工了。

维吾尔族聚集的南疆地区少雨干旱,风沙大,平顶房可防风蚀,这种笆子墙式民居建筑是沙漠戈壁地带典型的居住形态。

| 二、拱形建造工艺 |

在装饰方面,维吾尔族建筑工匠会先用线条将要装饰的图案和结构构件按一定比例绘制在图纸上,再用制造工具按照图纸采用浮雕和彩绘的手法在木材上十分精细地表达出来。将拱结构和美学艺术结合起来,既可满足结构需求,又可起到装饰作用。维吾尔族建筑中龛部镂空石膏花装饰都是拱式装饰,其纹样鲜明、色彩艳丽,造型规则生动,富有艺术感染力,在我国众多建筑装饰中具有较强的影响力。

1. 圆拱

圆拱是最普通的拱,新疆南疆喀什地区民居中圆拱用得最多的地方是在门窗口处。柱廊中圆拱大多用木雕制成,有单圆拱和双曲圆拱之分。其中,双曲圆拱有精美的雕花垂柱,拱上面雕刻花草纹或几何图案等,有的是在实木表面雕刻的图案,也有的是镂空的图案。其色调大多以白色和绿色为主,表现出地域风格。廊下有休息平台可供宴请客人、聊天之用,院中种植一些花草或者搭设葡萄架,这些花草和葡萄架与建筑上的装饰相互辉映,突显出当地维吾尔族人对生活的热爱和对美的追求。

2. 尖拱

尖拱运用最多的地方是在清真寺中的大门和窗洞中。维吾尔族人对美的选择在建筑中得到了体现,他们无论贫富都会将自己的住房装饰得很漂亮。他们在建造房屋时,会请当地建筑艺人精雕细琢以装饰他们的房子,尖桃拱(图5-26)就是一种很好的装饰选择。尖桃拱是新疆维吾尔族民居中独特的拱式,也属于尖拱。尖桃拱是指在圆拱的

中间凸出一个尖角形似桃尖的
拱形,尖桃拱比圆拱更加美观。
尖拱的运用充分体现出维吾尔
族民间建筑艺人超凡的建筑装
饰技艺。拱内常会做石膏雕刻
装饰和木雕装饰,整体看起来造
型美观,装饰典雅,色彩协调。
尖桃拱运用广泛,双曲尖桃拱在
民居中多见。

图5-26 喀什民居尖桃拱

3.变形拱

变形拱形式多种多样,如俄式、印度式、混合式等,变形拱在北疆
伊犁地区清真寺和民居中运用较多。南北疆地区气候和地理位置上
的差异,使得两者在建筑结构和建筑装饰上有很大差别。伊宁高台式
民居前廊、凉棚、雨棚处用的多是变形拱,装饰色彩主要为蓝色、白色,
拱上的装饰多采用彩绘、浮雕,一般彩绘一些颜色鲜艳、形状各异的植
物,枝叶用绿色绘制,花朵施以红色、黄色或褐色,古朴和奢华并重。
南疆民居建筑中客厅壁龛会用大小不一的变形拱式空间来放置一些
高档奢华的器皿,形式各异的器皿与拱式线条互相搭配,使客厅更显
豪华大气。

4.菱形拱

北疆的伊犁地区由于受俄罗斯文化的影响,菱形拱装饰在当地民
居的门上、窗户上应用较多。这里民居中较小的窗户和门一般会用单
个的菱形拱式,较大的窗户和门还会用连续的3个菱形拱式,有时中间
的菱形会比两边的菱形大。方的门和窗户上装饰凸出的菱形拱,在拱
的下方使用绿色的彩绘、浮雕、木雕装饰,不过这种装饰大多为植物纹

样。这些门上和窗户上凸出的菱形拱装饰使门窗显得整齐对称、富有立体感,如图5-27所示为伊犁民居门窗楣。

图5-27　伊犁民居门窗楣(刘芳芳摄)

｜三、建筑装饰艺术｜

不同地区特定的地理环境造就了当地特殊的建筑装饰材料,如喀什地区盛产石膏,则石膏装饰便成为当地维吾尔族民居建筑装饰的主要手法。维吾尔族民居建筑装饰艺术风格较多受到中亚、西亚地区建筑装饰风格的影响,在此基础上体现出典型的、多样的民居装饰特色。喀什独特的地理位置、气候特征、物质条件、自然资源等因素,造就了其独特的建筑文化,为喀什维吾尔族民居建筑装饰艺术的形成和发展做出了重大的贡献,具有不可替代的作用。喀什维吾尔族民居建造技艺堪称新疆维吾尔族民居的典范,是维吾尔族民居史的活化石,具有鲜明的民族特点。

喀什维吾尔族民居建筑装饰艺术是维吾尔族人智慧的结晶,是在融合了其他民族装饰文化特征的基础上,结合本地区的自然地理环境和气候条件,逐步形成彩绘、木雕、石膏花饰、砖花饰等多种装饰形式的民居装饰艺术,体现出维吾尔族人在物质生产、精神生活上的需求和其民族审美情趣上多层次、多元化的民居装饰艺术特征。喀什维吾尔族民居多为生土型,外观略显简朴甚至简陋,但民居室内装饰与布置较讲究,藏巧于拙。喀什维吾尔族民居装饰重点突出、主次分明,按部位划分可分为室内墙壁装饰、室内顶棚装饰、室内地面装饰、门窗装饰、前廊装饰、外墙壁装饰等。其装饰手法变化多样,装饰结构交相辉映,因环境和部位的不同而不同,令人赏心悦目。

1.室内墙壁装饰

喀什民居素有"外粗内秀"的特点。喀什民居的外观极为普通,外墙多为土坯砌筑,不加任何粉饰,而内部却别有情趣,装饰得多姿多彩,与外墙的单一、简朴形成鲜明对比。民居室内装饰以客室和主要卧室为重点,在具体构件或部位上,亦是在重点部位分繁简,如墙面多是装饰的重点,并会将装饰放在视线最集中的位置。装饰内容丰富多样,既有造型活泼、线条优美的石膏雕花,又有大大小小装饰华丽的壁龛,还有颜色艳丽、对比强烈的彩绘,可给人以无限的艺术享受和愉悦。

在喀什维吾尔族民居内部空间中,客室布置相对比较讲究。民居室内多在墙上开出许多壁龛(图5-28),壁龛是喀什维吾尔族民居的一大特色,几乎每个房间都有。壁龛大小不一、形状各异,常见装饰讲究的壁龛群。其中被称作"米合拉甫"的大型壁龛可以放被褥,小的可以放置日用品、工艺品、各种器皿等,整个壁龛整洁美观、色彩鲜艳,成为居室最抢眼的部分。

单体壁龛或壁龛群是墙面

图5-28 室内壁龛

装饰中的亮点。单体壁龛外部主要是拱顶形,也有矩形等其他形状。拱顶又分尖拱和圆拱,有各种拱式造型,如二重拱、二心拱、多心拱等。组合式壁龛主要有两种:其一是龛内龛,多以大小不同、形式各异的小龛组成一个大龛;其二是由各种龛或同一龛式在墙面上组成的壁龛群,由主人家经济条件决定其繁简。龛的组合形式丰富多样、协调美观,极具艺术价值。龛内部用石膏抹光,装饰手法上以石膏雕花、镂空雕花为主,做法考究。一些大壁龛装饰更为精致,有的两边还设有壁柜或组合木壁柜。

壁龛内装饰通常以花卉为题材,如巴旦木、石榴花、牡丹、向日葵、菊花、玫瑰、桃花等,几何图案主要有圆形、方形、三角形、六角形、八角形、菱形、古钱、回纹、斜线等,多于墙顶边缘处或图案空隙处做辅助装饰,结构合理而有秩序,纹样变化而有动感。石膏组合花饰和石膏花带常常搭配组合成各种不同形式的图案,随着布局位置的不同选用,这里,花带起着陪衬、联系等作用。

2.室内顶棚装饰

喀什维吾尔族民居室内顶棚构造基本上可分为露明"密檩满椽"式、吊顶式天花板和藻井式三大类型,其中前两种比较常见,而第三种相对比较少见。在建造时,一般会根据主人的经济情况决定其构造形式,其装饰手法因构造形式的不同而有所不同,通常会注意与室内装饰风格保持一致,以增加室内装饰整体感和协调感。露明"密檩满椽"式顶棚即在露明的木梁上,以简单的半圆小椽条密铺拼装天花。建筑工匠会利用木椽的粗细、排列的方向和层次的高低,铺装成错落有致、具有空间感的顶棚。如图5-29、图5-30所示分别为密肋梁顶棚和吊顶式顶棚。

木雕在喀什建筑装饰中应用较早,它是喀什民居的重要装饰手段,其构图、部位、刀法有着鲜明的民族特点。木雕在顶棚装饰中多用于梁底、梁侧的端部和中部，重点突出。题材多为几何图案和植物纹样，处理手法有花带、组花、贴雕等。刀法的表现形式多为阴线刻、浅浮雕、综合刀法等。雕刻刨线是在梁檩上直接做成的，镶贴则是将预先做成的花板（图案式花边板或镂空花板、花块）镶贴在上面，梁檩的花纹、图案绝大部分为木质本色或施以素色，一般不施彩色，少部分在花纹底部的"地"上涂以单一的颜色，以与墙面等装饰相协调。吊顶式天花板即在檩条底钉木板、胶合板或石膏板等材料，并对其进行整体处理，使其平整均匀，以方便后期对其进行艺术装饰，这里的装饰多以石膏雕花和彩绘为主。顶棚常以圆形、多边形、多角形等适合纹样进行装饰，其中部为顶棚装饰的重点，多数以植物为主题，如巴旦木、石榴、牡丹、菊花、玫瑰等，或以藤蔓、卷草的变

图5-29　密肋梁顶棚

图5-30　吊顶式顶棚

化，或以重叠、交错相结合组成方形或圆形等适合纹样的石膏花饰进行装饰，同时以石膏角隅纹样和条带纹样装饰四角和周边，形成高低起伏、形式多样的石膏雕花。

3. 廊饰

外廊是维吾尔族居家、户外活动的重要场所，不论是平房还是楼房多设外廊。外廊是整个民居建筑入口的重要装饰点，其装饰精华主要集中在木柱、柱间拱券、檐板等处，具有独特的民族风格和地方特点。

木柱分为柱头、柱身和柱裙等几部分，以雕刻为主，辅之以镶贴。在外廊木质构件中，以木柱装饰最为丰富，柱上装饰较集中，是维吾尔族民居建筑装饰的典型做法。各种柱的长细比及分段的比例并无规律，除少数有鼓形石柱基础外，其余大多直接落地。木柱断面有方形、圆形、六角形、八角形等多种形状，在同一根柱上这些断面形状可以运用自如，如方柱脚、八角柱身、圆形柱头等，中间以简单线条或横向图案使之过渡自然、协调统一。纤细的柱子分割成几段后再饰以彩绘，彩绘以蓝色、绿色为主，白色勾线，形成美丽且有韵律的敞廊。托梁是柱头的主要部分，有两种做法：一种是几何弧形和卷叶形曲线做法，一种是拱券式做法，后一种在喀什地区比较流行。拱券形式多样，有单拱券、连续拱券等，拱式有半圆拱、尖拱和垂花拱等，承重上以木构件做支撑，拱、梁和柱三者之间形成的三角形空间多做镂空花板装饰，一般先用五合板锯成透空的各种花饰再进行雕凿，或是镶板做彩绘。若是双拱券，则中间悬吊木雕石榴，有的还在柱头四周雕刻花纹或装嵌木雕石榴和柱头线角，木柱和拱券有的油漆一色，有的分段油漆不同颜色，多为天蓝色、绿色和红色等。柱身装饰简单，有的在柱身四面装钉用五合板锯成的花饰，有的不加任何装饰仅涂以颜色。柱裙段与栏杆连接，这是维吾尔族柱式的显著特征。柱裙约位于柱高下部1/3处，分上裙边、裙身、下裙边和裙脚等几部分，其各部分粗细不一、渐变有别，并雕刻花纹，与柱身过渡自然、协调统一。

廊檐部也是装饰的重点。廊檐部主要包括檐头梁、檩条端部和压檐砖3部分，其表面与端部或巧妙地做出各种图案，或饰以花纹，这些图案、花纹构图简练、独具匠心，形状简单和谐，具有明显的地方特点和风格。檐头梁侧多雕刻贴花板装饰。檩条端部做法有两种：一种是挑出檐头梁的端部做成花式图案；一种是在檩头钉花式封檐板，檩间空隙大多做花板镶嵌，上面砌筑压檐砖，装饰手法灵活多变。

4.门窗装饰

喀什维吾尔族民居的门窗装饰重视现实生活的功能性且具有很强的农耕特性和地域特性,其装饰部分体现出崇尚自然、推崇朴实的象征意义。喀什维吾尔族民居的门窗装饰艺术特征虽然没有中原地区民居建筑门窗装饰丰富的文化内涵和礼制限制,但其创造也不是随心所欲的,其在形成和发展的过程中受本民族文化习俗、宗教以及地理环境等客观因素的影响,表现出自身独有的文化特征。

维吾尔族民居"门脸"的造型装饰起到暗示主人地位、财富、宗教信仰等作用。作为建筑的出入口,大门的作用不仅在于发挥其基本的实用功能,而且给维吾尔族人在日常生活中在自家门口休闲提供了方便,因此大门的装饰就显得十分必要了。在维吾尔族人眼中,装饰独特的大门更是体现主人审美情趣和爱好的重要窗口。由于受地理位置的影响,喀什城区用地紧张,人口密集,房屋密度较高。因其民居宅基地空间面积相对狭小,故大门尺寸较小,装饰相对简陋,一般不带门斗,主要特征体现在大门的木雕压缝条、门扇装饰和门的色彩上,人们喜欢将大门油漆成土红色、土黄色、绿色、粉色、蓝色等。喀什民居在门的装饰上以门框(门边和门楣)、门扇为重点,一般采用木雕、彩绘、砖雕等手法。其中,门扇是木雕装饰的主要部分,雕刻者会根据门扇上长方形、龛形、圆形等空间形式,用浅浮雕、透雕和贴雕的手法镂刻出各种二方连续、四方连续或适合纹样为主的植物图案、几何图案。

彩绘作为维吾尔族民居大门的一种装饰形式,其往往与木雕一起配合使用,主要对门扇、门框、门斗处的梁进行装饰。彩绘装饰手法主要有平涂、勾绘、套色、洒金、退晕等,装饰内容和题材与石膏雕花没有太大区别,主要也是以植物纹样和几何纹样为主,有单独纹样、二方连续、四方连续等形式。在用色上,彩绘常以同类色做大门的底色基调,再以与其相对的对比色、互补色做花纹图案。维吾尔族民居建筑彩绘

图5-31 伊犁民居木窗

用色大胆丰富,讲究冷暖对比,色调对比强烈,既有主调又有陪衬,力求和谐统一。维吾尔族民居窗饰相对门饰来说较为简单,其装饰手法主要有彩绘和木雕两种。维吾尔族传统木窗主要有木栅窗、花板窗和花棂木格窗等。花棂木格窗是维吾尔族民居窗式的一大特点,各地均有使用,图案花式较多。现在喀什城区建筑上的传统木窗较为少见,多数以成品木格玻璃窗代替,也有用铁窗和现代铝合金窗的。如图5-31所示为伊犁民居木窗。

伊犁地区维吾尔族民居门窗(图5-32)装饰艺术形式是伊犁维吾尔族人在长期的社会实践和生活中,逐渐形成了自己的审美意识,并用某种特定的装饰形式反映在民居建筑的门窗中。伊犁维吾尔族民居的门,多建在前面院子的突出位置上,它是从街道和其他公共地段进入居民私人生活的隔断,也可以被看作是一个临界点。主人对这一临界点通常是投入了大量的人力、物力和财力,门头建得非常漂亮。一般是先在砖砌的墙两侧的柱子上平放上尖顶形或平顶式的门头龙骨结构,然后再用砖在门头的边缘位置砌出少量的檐口装饰于墙边或横梁上,门头的檐口装饰与房屋主体建筑的檐口装饰相似。门是双开的,门和柱的设计通常是通过非常简单的描花、镶嵌、雕刻、切割打磨,拼出各种图案,给人以一种简单大方且精致细腻的艺术感受。门坐台为方形砖砌结构,中间部分常用浅浮雕的植物花纹进行装饰(图5-33)。门钉的数量为单排3个,中间横木有长条形如意头状装饰(图5-34)。门把手为对称式双环样式,外圈呈环形排列,有圆

图 5-32　伊犁民居门窗

（a）植物纹门坐台

（b）示意

图 5-33　伊犁民居大门门坐台

（a）如意头状门坐台

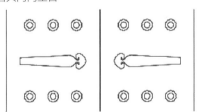

（b）示意

图 5-34　伊犁民居大门门钉

（a）对称式双环门坐台　　　　　　　　　　　（b）示意

图5-35　伊犁民居大门把手

钉,内侧有由半圆弧形排列而成的菱形边框(图5-35)。

5.室外墙壁装饰

　　喀什地区民居室外墙(图5-36)墙壁装饰手法单一,庭院是私人和公共场所的过渡空间,是家人的户外活动场所,其庭院内墙壁较民居外围墙壁装饰相对讲究。一些传统的维吾尔族民居庭院房屋墙壁多用黄土抹光,呈黄土原色,与大漠、黄土地浑然一体,也有用拼花砖工艺装饰墙面或用彩绘和石膏雕花装饰墙面的,形式多样、手法灵活。从色彩的处理方式以及细节装饰上来看,其同样能够体现出民族的生活习惯及特色。伊犁民居建筑大多采用植物纹样或几何纹样对门窗、柱子、檐口等部位进行装饰,在装饰中同样表现出当地居民内心所要表达的情感倾向。这些装饰并不仅是在图案的形式上进行仿造,其对色彩的表达更多地赋予了居住者心中的感情。

　　拼花砖工艺即砖饰,是指将经过锯、切、打磨后的黄色砖拼贴成各种图案,再装饰墙面、台基、楼梯等。花砖饰有拼砌砖花饰、异型砖、砖雕、透空雕花砖等几种,其中异型砖是拼花砖的主要构件,有正方形、长方形、半圆形、三角形、梯形、平行四边形、梭形等数十种。砌筑时可将各种异型砖有规律地排列组合成所需图案,以达到装饰的效果。拼砌的图案有上百种之多,常见的有八角形、八瓣菱形、人字甲形等,相

图5-36　维吾尔族民居外墙

当丰富。维吾尔族工匠用自己高超的技艺,通过相互穿插、交错重叠将各种砖拼砌组合成各种平面和立体的几何图案及花饰,这些精致的砖花图案十分雅致,富于层次。

　　彩绘和石膏花雕饰也常用于廊下屋面墙壁上,其装饰部位主次分明、重点突出,一般都在两窗之间的墙壁做重点装饰。其图案内容题材与屋内石膏雕花和彩绘基本相同,多用植物纹样和几何纹样组成壁龛的造型来装饰墙面,色彩和外廊装饰颜色协调统一,多采用蓝色和绿色,对比强烈,装饰性强。丰富的色彩、优美的图案、富丽的装饰、曲折的回廊与庭院内的树木花卉共同营造着幽静、简朴、亲切、舒适,具有民族特色和地方特色的维吾尔族民居。

第八节
其他空间布局与营造技艺

维吾尔族民居常把其首要特征隐藏在其外表之下,维吾尔族民居是一种不轻易改变其生活单元形式的建筑,即便有变化也是由于主人对其功能的需要。虽然维吾尔族民居外表看起来朴实无华,仅靠砖块的错落铺砌以及房屋的高低层叠来展现不同地区民居的魅力,但是,当你走进维吾尔族民居内部,你就会被维吾尔族民居的营造技艺深深震撼。

1.高棚架

高棚架是新疆炎热地区民居建筑为争取室外有遮阴的凉爽空间所创造出来的一种特殊建筑形式。受当地自然气候的影响及当地居民习惯于室外活动这一生活习俗(在春天至入冬初期,人们一年中约3/4的时间都在高棚架下度过,在炎夏季节,人们甚至睡眠也在室外)的影响,人们喜把原本在室内安放的家具、杂物放在高棚架下,使室内外延化,高棚架下形成的开阔大空间成为主人家的第二起居室。高棚架是吐鲁番民居建筑风格的重要特征,现在大多数住宅常把原来的高棚架改为葡萄架,不仅经济实惠,而且给庭院增添了宜人的景色。

高棚架式土木楼房是吐鲁番地区传统民居建筑的"超空间"创举,土木楼房庭院呈内向性半开敞式,由围墙和建筑围合,园内建筑主次分明。主体通常有两层：主体一层为土拱结构，分为半地下室和地面一层两种；二层为土木混合结构，前檐设木柱廊，并设有木栏杆或镂空花墙。

2. 晾房

吐鲁番地区属干旱半干旱地区，炎热气候和沙土地质有利于葡萄和甜瓜的生长。吐鲁番地区人们为避免葡萄鲜果在日光下暴晒或久藏霉烂，充分利用风能和太阳能辐射，建造出适合晾制保存的建筑空间，就是"晾房"（图5-37）。晾房是一种经济适用型的生土建筑，通常建在入口大门或杂物房的上部，采用"黄黏土加草制坯"技术，将土坯块砌成晾制葡萄干的镂空花墙，基座设夯土层，葡萄晾房四周用土坯砌筑成空透的墙壁，顶部设木架，上铺苇席、麦草，撒土隔热，草泥抹面层。砌筑时在基础、檐口处实砌几层土坯，在转角处也采用土坯实砌，较长的晾房在墙面中每隔3~5米实砌一道土坯柱，以加强墙体稳定，其余墙面侧砌成带孔洞的花格墙。

图5-37　吐鲁番地区晾房

3. 厕所

喀什地区称厕所为"旱厕"。厕所出于通风的需要，多设于屋顶。旱厕是维吾尔族生土建筑民居中最常见的厕所。从净化环境的意义来说，由于旱厕中的粪便及时被生土覆盖，所以可以有效地防止臭气扩散，减少病菌对环境的污染，粪便还可及时转化为有机粪肥。旱厕

图5-38　院内厕所

大多建在后院较为隐蔽的地方,通常与卧室的距离应不少于10米,离厨房相对较远,多为南北蹲向。

伊犁维吾尔族民居院内厕所(图5-38)位置多在后院或院内离房子较远处,如院内四周角落。

4.火炕及馕坑

维吾尔族传统民居通常以铁皮炉、盘火墙、通火炕等方式取暖,卧室内一般都有土炕。长期生活在生土民居中的维吾尔族人习惯脱鞋上炕,特别是在冬季。火炕即是人们平时睡觉和休息的地方,也用来待客和吃饭。在和田地区,卧室内大多用通铺火炕。炕分为火炕和土炕两种,均为柱网结构。火炕、火墙内部设回环盘绕的烟道,炊烟先通过火炕,然后通过空斗火墙排出。将烟囱砌在火墙之内,利用做饭的余热来提高火炕温度,减少了热量的散失。火墙用火炉生火做火源,炕前的生铁炉子支撑起一个小型的火墙,设在厨房的一端是做饭的操作台。

"馕"是一种用面粉为原料焙烤而成的饼子,是维吾尔族人的主要食物之一。烤馕坑在维吾尔语中叫作"托纳",也就是烤炉,其实也是小型的生土构件,在半敞开式民居内大多建有烤馕坑(图5-39)。馕坑有一户一个,也有多户合用一个,一般安置在庭院内、大门侧旁或街巷路边。馕坑是维吾尔族人家家离不开的民居单元,炉内膛是一个顶部做成弧形的圆锥体,如同一个倒扣着的大碗,炉底侧面留有一个小通风口。

图5-39　烤馕坑

5. 土窑

维吾尔族传统民居窑洞一般分为3种,即崖窑、箍窑和地窑。在吐鲁番地区,由于天气过热,人们为了降低室温,常将建筑室内空间向地下发展,有的两层楼房结构,是地面建筑与半穴居的结合体,即所谓的"下窑上屋"。作为地下窑洞的土拱平房是维吾尔族传统民居特有的建筑形态。

第六章
维吾尔族传统民居
建筑装饰技艺

第一节
柱式加工技艺

　　新疆传统建筑艺术的处理手法极为丰富。维吾尔族民居中柱廊空间作为户外起居生活的特色空间、室内与院落之间的过渡空间、基本单元与其他房间之间的交通空间，形成了独具特色的民居廊道文化，同时也是舒适、实用的建筑空间环境。柱廊空间在柱子、托梁、顶棚处均会做装饰处理，使得柱廊空间生机勃勃，充满浓郁的地域特色。维吾尔族建筑柱式具有独特的艺术风格，至今仍被普遍应用于维吾尔族传统民居及其他建筑中。维吾尔族古老的民居，就是以柱廊为中心，再结合民居基本单元沙拉依，形成阿依旺式民居的整个布局。米玛哈那式民居也设有外廊（柱廊），其空间灵活多变、轮廓丰富、重点突出。这些柱廊用于建筑空间的延伸、转折、过渡处理，丰富了内部环境空间，使庭院更有生气和活力。

　　新疆南北疆地区气候差异较大。在南疆，人们利用围合式柱廊和高侧窗构成的阿依旺空间，巧妙地解决了采光通风、避沙防晒等问题；而在北疆，人们则用排列式柱廊来解决雨雪风霜对建筑的侵害等问题。柱廊是适于新疆维吾尔族人的生活习俗而由他们创造的独特建筑空间，这里的柱廊空间不仅具有交通功能，而且是维吾尔族人需要的室外生活空间。有些维吾尔族人家为扩大室外生活空间，还会在廊前搭设葡萄架等。

尽管南北疆的维吾尔族民居因所处地域环境有差异,但其民居柱式却大同小异,一般分为两类:一类是传统柱式,一类是拱廊柱式。

1.传统柱式

传统柱式主要由檐头、檐梁、托梁、柱头(或无柱头)、柱身、柱裙、柱脚、柱础等部分组成。檐头由封檐和檐托组成。封檐一般使用通长的方木或砖做成,方木封檐上的花饰线脚灵活多变,线脚曲线通常有半圆线、方形线、枭混线等;砖封檐主要有普通砖、型砖和花砖等,型砖有"S"形等,另还有几何图案、简单的钟乳拱式等。檐托是由密肋梁的端部加工装饰而成的,在早期的民居中多数檐托造型曲线流畅、简洁,而到了后期,它的曲线变得复杂丰富。檐托下柱间距的梁称为"檐梁",它和檐托间的封檐板形成一个整体。托梁设在檐梁与柱端之间。柱上端即托梁位,托梁占1/3~2/3柱跨长,多数托梁的一端在柱跨里占1/3长。古老做法或柱跨小时,两个托梁互相拼接形成一体。托梁优美的曲线丰富了柱间长方形的轮廓,也使梁端放于柱顶上的面积增大,便于梁、柱连接,缩短了梁跨,减小了梁弯矩,加大了梁端部受剪力的断面。托梁纹样优美,一般与檐托风格统一。其曲线的发展同檐托,早期简洁刚劲,后期则趋于华丽烦琐。

(1)柱头。在中国传统建筑中,柱头是与梁、枋、檩、雀替等多种构件接合的部位。维吾尔族传统民居中的柱头承担了功能性与装饰性的双重作用,它多用几何图案、龛形和花卉纹样组合的形式装饰,装饰的题材丰富多样。维吾尔族民居建筑中的柱头是放置承托檐梁的托梁或阿依旺的主梁,较少雕刻,而对柱头上的梁托会进行丰富的雕刻或绘制花纹。早期的传统民居一般不做柱头,只是把柱身做成八边形或其他多边形,留出一段方柱体作为柱头。中华人民共和国成立后,维吾尔族人民生活逐渐富裕,柱头越来越多地用在民居建筑中,开始更加注重突出木柱装饰性效果。托梁优美的曲线丰富了柱头的装饰,使柱式显得十分典雅秀丽,间或也有柱身、柱头都满刻花纹的做法。

早期柱式的柱头装饰简单,有倒四方棱体、倒六面体、八棱柱体等,或由几个鼓形体组成,柱颈为一圆环状。大部分柱子是用整木雕刻的,柱头约占柱长的1/6或更长。以后,柱头的样式增多并变得丰富。成熟且典型的柱头是由若干个木质雕刻的钟乳拱龛层层叠砌而成的,形体玲珑,独具一格。同一地区,柱头雕饰差异也会很大,如和田民居室内柱子的柱头较少有雕刻,而柱头周围的梁托、梁常会带有丰富的雕刻花纹(图6-1)。室外廊柱柱头装饰相比较于阿依旺内的落地柱,则相对简单(图6-2)。但也有例外,如一些民居阿依旺厅的落地柱柱头装饰精美华丽,柱头雕有放射状的小尖拱龛(图6-3),形似盛开的花朵,这主要是受喀什现代民居建筑装饰做法影响而发生的变化。部分民居因材料或资金短缺等,一时无法找到整木雕刻装

图6-1　梁部木雕花

图6-2　伊犁民居外廊柱柱头　　　　　图6-3　木质雕刻的小尖拱龛式柱头

饰柱头,则会先将纹样分别雕刻在长直的木条上,再采用浸泡、加压、蒸汽弯曲等方式将直木条压制成贴合柱头的弧形装饰线条,并组合起来。

(2)柱身。早期柱身断面多为圆形、方形或八边形。后期柱身断面多为八边形和十六边形,甚至为三十二边形或圆形断面,柱径上小下大,有收分。柱身是维吾尔族民居中雕刻装饰的重点,考虑到柱子的承重功能,雕刻多采用浅浮雕装饰,雕刻花纹主要重点装饰在柱子的上半部分或中间部分。普通民居柱身一般不做花式,一些古代庄园或部分现代民居外檐柱身常满雕花饰。

(3)柱裙。维吾尔族民居柱式的显著特征就是它有柱裙,柱裙是柱式装饰的重点部位。完整的维吾尔族民居柱式,可以无柱头,但必须有柱裙,柱裙位于柱子下部约1/3处,为人平视视线所至处,举手能及,给人以亲切感。如图6-4所示为柱裙柱身雕刻样式。

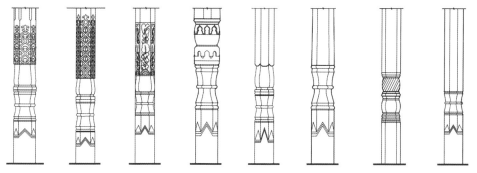

图6-4　柱裙柱身雕刻样式(刘芳芳供图)

柱裙主要雕刻花卉和几何纹样,也有柱子不带任何雕饰,只是在各段涂刷不同色彩来获得装饰效果,涂刷一般多用灰绿色、天蓝色、暗红色等。柱裙由上到下依次为束腰、上裙边、裙身、下裙边和裙脚,横断面为八边形。其中,束腰在柱身和柱裙之间起过渡的作用,造型多样,多为倒如意头花蕾形,上刻花纹,传统民居常用柱式中多无束腰。上裙边呈八边形并雕刻花纹,裙身似"蝴蝶结"形;下裙边多为如意头纹;裙脚则巧妙地利用4个斜三角体将八边形体转为四方体,增强了柱子的稳定性。如图6-5所示为不同样式的柱裙、柱身。

(4)柱础(图6-6)。柱础属于柱体的附属部分,是连接柱子和台基两个部分的节点。柱础的装饰较简单,其形式一般为四棱体,稳定性好,有石质和木质两种。柱础按做法又分不露出地面和露出地面两种,两种材料都以不露出地面的居多。石质柱础多为鼓状,中设榫槽,柱子下部出榫立于其上。木质柱础(或称"地梁")多为长方形卧木,柱子立于其上,横向木纹,可避免水顺柱子木纹向上,防潮效果较好。木质柱础也有仿石质状者。在地下水位不高且无地表水的地区,则多不做柱础,以夯土为基,柱立其上。

(a)青石柱础

(b)木质柱础

图6-5 不同样式的柱裙、柱身

图6-6 柱础

2.拱廊柱式

拱廊柱式是受到中西亚券柱式石柱的影响而流行起来的一种柱式。维吾尔族民居的拱廊柱式多为木制,其拱廊柱式的拱不是受力构件,拱脚不落于柱顶,只在每开间的木柱间另设拱,仅做装饰用。

拱廊柱式民居的檐托,自封檐梁是由砖或木板制作的枭混线、半圆线、鹰嘴线等线脚组成的大弧度曲线檐头,线条流畅,造型简洁。柱子截面呈方形,有收分,无托梁。拱设于柱间,呈两心拱、四心拱、多叶拱、半圆形拱或马蹄形拱等。有的民居也在一开间内做两个弧形拱,甚至设3个,在拱之间做装饰物。在拱和梁、柱之间形成的三角形处,做透空雕花装饰,柱间设栏杆,高45厘米左右,可坐人。拱廊柱式装饰富贵华丽,是维吾尔族传统民居喜欢采用的柱式(图6-7)。

图6-7 伊犁民居拱券式柱廊

第二节
木雕和彩画技艺

| 一、木 雕 技 艺 |

维吾尔族民居建筑中最早使用的装饰手法就是木雕,尼雅遗址的建筑梁柱上就有木雕装饰。斯坦因在古楼兰遗址中也收集到了精美的梁枋木雕刻和有木雕刻的家具,由此可见,木雕刻装饰在维吾尔族传统民居中被使用应在公元1—4世纪,即汉晋时期。9世纪回鹘西迁后,继承、发扬并丰富了这一建筑装饰手段,且创新了艺术手法,这一时期的木雕与斯坦因发现的木雕风格不同。木雕技艺被普遍用于柱、梁、枋、门窗边框等部位的装饰上,现在已普及到双扇大门之上,使建筑显得格外高雅。柱、梁、枋上的木雕刻(图6-8),以线刻和浅浮雕满布为其特点,风格古朴。近年,木雕常和石膏花、彩画等配合应用,丰富了建筑艺术的表现力,木雕以植物图案为主,多用桃、杏、石榴、荷花等。梁托以上梁枋的矩形花饰花纹密度大,且做工细腻,有浮雕效果,这种矩形花饰常与带状木雕相互结合使用,组成条状木雕群。

维吾尔族民居的木雕艺术处理手法主要有花带、组花、综合等。花带以二方连续、四方连续为多,以中断、互换、交错等手法取得构图

图6-8　民居内的木雕

图6-9　檐口贴雕

上的韵律变化。梁枋上的花带较为简练,多以花纹的互换、中断等构图手法取得图案上的变化。组花多用于梁枋、木柱和门板上,题材以杏、桃、葡萄、石榴、荷花为主,植物花纹图案自由灵活,几何图案严谨对称,做工精美。刀法也有阴线刻、浅浮雕、透雕、贴雕、综合刀法等多种形式。阴线刻为平面阴纹,纹样流畅,但立体感不强。浅浮雕的特点是图案性强,不做植物、生物原形态雕刻,形态自然、流畅,断面有多种形态,为增加装饰效果还可在这些断面的花纹上再使用线刻等。透雕是将木板上图案以外的部分全部凿掉形成透空状,以虚面烘托出图案的立体感。花纹断面的表面既可呈平面,也可呈起伏状,空透玲珑,秀丽雅致。贴雕有两种形式:一种是将花纹图案透雕后贴于平板上,从而形成浅浮雕状;另一种是将雕刻好的多种形体拼贴成立体或有凹凸质感的装饰,如用立体钟乳拱拼合成层次丰富、形态优美、立体感强的柱头等。木雕花饰多为原色,也有部分施以素色、彩色的。在雕法上有3种,即浅雕、深雕和透雕,3种雕法各具特色,有的简练奔放,有的精雕细刻,具有很强的表现力。如图6-9所示为维吾尔族传统民居檐口贴雕。

维吾尔族传统民居木雕装饰作为其文化生活的重要因子,与其民族气息互生共存,也是其民族信仰观念的物化形态和艺术表现形式,是其民族情感和审美智慧的结晶。木雕装饰的艺术风格随装饰部位和装饰标准的不同而不同,木雕装饰和其他装饰手段相配合的繁简程度,则依主人家经济实力而定。维吾尔族民居建筑上的木雕应用广、装饰性强,构图、部位、刀法都有其鲜明的民族特点,如图6-10、图6-11所示分别为民居木雕门和木雕窗。

图6-10　民居木雕门

新疆维吾尔族的民居建筑装饰特征是根据本民族的特点、人们的生活习惯、所处的自然环境以及材料来源,经过千百年的演化形成的。各地的民居建筑形状各异,千姿百态,绚丽多彩,各具风采。同时,新疆维吾尔族民居建筑又是社会文化的综合载体,是新疆各少数民族传统文化的重要组成部分,是中华民族传统民居建筑文化中的一朵奇葩。

图6-11　民居木雕窗

二、彩画技艺

彩画是新疆维吾尔族民居建筑装饰的又一大特色,彩画是一种通过人工手绘等方式进行装饰的技法。在新疆维吾尔族地区,彩画在清真寺、陵墓建筑的藻井、梁、枋上运用较为普遍,有些民居也用彩画装饰,民居彩画多绘于住房入口、梁枋、外部廊亭、天棚与梁柱交接处,以及室内天花板与墙顶接合部位。一般以绿色、蓝色等冷色调做底色,用红色、粉色、黄色等暖色调勾绘花样，并配以素洁的白边，图案多为花卉、藤蔓、卷草、几何纹或经文、铭文及山水风景，亦有借用佛教特有的云头如意纹、莲花纹、莲座纹，或吸收中原文化的琴棋书画、亭台楼阁、博古等纹饰。维吾尔族民居建筑上的彩绘典雅温馨、生机盎然，其装饰构图主要有3种，即单体图案、带形图案、组合图案。

单体图案主要用于梁枋中部、端部，花纹构图图案依不同部位设计。带形图案多以二方连续、四方连续的花卉、藤蔓纹形成的交织循环的带状纹样，常用于檐部、梁枋、藻井四周。彩画装饰中，以植物或美术字体构成的彩色图案，多绘于天棚、墙面上；以白色、灰色、蓝色做退晕色块的，多用于托梁、枋心边和檐托；以图案、花纹色块组成的和谐整体构图，常用于柱头、藻井、天花板中；风景画多呈长卷式绘于梁枋上。大型彩画组合图案通常有两种构图方式：一种为以每一间露明密肋梁顶棚式房屋为统一构图，题材多采用连续花卉纹样、卷草等；另一种为藻井式样和组合平顶的整体构图。梁枋上的带状花饰采用连续、循环等方式，构图丰富、色泽鲜亮。彩画不仅绘制在平面上，也常和木雕配合施画。如图6-12所示为吐尔地阿吉庄园内的彩画。

图6-12 吐尔地阿吉庄园内的彩画

彩画常先以同色系的颜色做底色,再以其对比色补色做花纹图案,如中间色绘藤蔓、卷草纹样边饰,则以绿色、深绿色、墨绿色、青绿色、粉绿色作为底色基调,以红色、朱红色、黄色、橘黄色、白色做花纹图案,用黄色、淡黄色、黑色、白色、灰色、金色绘纹样边。在大面积色块对比的每个色相中,又以同类色做花纹,着重绘以小面积的对比色或其他深重的颜色。维吾尔族传统民居建筑上的彩画用色大胆丰富,颜色对比强烈,既有基调又有陪衬,以相同色、类似色、邻近色、对比色、互补色等方式配色,并在处理色块大小、纯度、层次、冷暖上都做了精细的设计,整个彩画既变化丰富又和谐统一。在我国建筑彩画中,维吾尔族民居建筑上的彩画装饰别具一格,有着重要的地位。

第三节
石膏雕刻和砖花技艺

| 一、石膏雕刻技艺 |

新疆地区盛产石膏,这里出产的石膏质地细腻、可塑性强,在新疆维吾尔族建筑中有着广泛的应用,新疆维吾尔族建筑中富有特色的石膏雕刻装饰艺术拥有独特的艺术构思和雕刻技法。维吾尔族建筑中的石膏装饰艺术具有浓郁的地方民族特色。在石膏雕刻技艺中,雕刻

图6-13　民居室内的石膏装饰

石膏花饰之前需要先在桑皮纸上绘出纹样组织的底花，然后把花样固定在多层纸上，再沿绘制好的花样的边用针扎出小孔。这种方法一次可制作十几张花样，需要时可用这种方法不断复制使用。石膏雕刻的制作方式有直接雕刻和模具翻制两种，其中使用较多的是模具翻制，用模具翻制后再经过精加工，然后拼接镶嵌。模具翻制的制作方式可以使纹样的组织方式及形式多样化、纹样精美，如图6-13所示为民居室内的石膏装饰。

维吾尔族民居中常用的哈万达石膏多用于抹墙面、线脚和天棚，也可用于刻花。哈万达石膏采用熟石膏粉加水按1:2的比例拌制而成，随拌随用，3分钟即可凝结。热合石膏多用于墙角和窗角，打底层采用土与石膏加水配合而成。

石膏色泽纯正洁白，其本身的颜色就具有良好的装饰效果，维吾尔族建筑中的石膏装饰多结合其他颜色一起表现。一般石膏花饰的上色方法有两种：一种是将颜色直接涂于表面，另一种是将颜色掺入石膏浆中。石膏花饰一般采用浅雕，也有采用深雕的。大型花饰纹样一般都先用木板按设计花纹图案制成模具，然后浇入石膏、纤维丝料浆成型，再经硬化、脱模、干燥而成，最后经精雕后方可用于民居装饰装修上。石膏花饰常被运用于建筑物墙顶边缘、壁龛周边和门套、窗套、墙面等处，在壁龛上以大幅尖拱、圆拱形图案呈现，在顶棚上则呈现为多角形、圆形图案纹样。石膏装饰以各种植物为主要题材，并与几何纹样自然结合，疏密有致，精美华丽。维吾尔族石膏花饰的做法有石膏组花、石膏花带、镂空石膏花等。总的来说，维吾尔族石膏雕刻主要有以下几个鲜明特色。

(1)选材独特,构图别具匠心,布局合理。石膏组花多用于民居庭院前廊、廊心墙和室内外窗间墙等处。石膏组花有两种:一种是拱券形,另一种则是圆形、多边形、多角形灯圈。拱券形多为尖拱形外加周边花带框,拱券中以中轴对称花纹图案为主题构图或做成花卉、藤蔓、卷草等密集复杂的重叠、交错的对称图案,花卉多用玫瑰、牡丹、荷花、石榴花、向日葵、菊花、桃花等,再用边框做陪衬,边框多用几何图案进行二方连续或是各种线脚组合,整幅石膏图案主要由主题花饰图案和花饰图案边框构成,形成一幅完整的装饰画。拱券形组花、几何灯圈的图案构图完整、布局合理、疏密得当、自然流畅。石膏花带是由各种植物纹样、几何图案构成或两者合用按二方连续方式,通过并列、重复、循环、交错等构图手法组合而成。无论是植物纹样还是几何图案,或两者并用,这些石膏雕刻都处理得很完美,构图疏密得当、自然流畅、主次分明。石膏花带一般用于民居内外墙体上端近天棚转折衔接处或门框、圣龛的边框处。石膏组花和石膏花带常随布局位置的不同,组合成各种不同形式的大面积花饰图案(图6-14)。镂空石膏花饰多用于室外的装饰柱、外墙等处,也用于室内的壁龛、窗楣、火炉等处。透空石膏花饰不

图6-14　民居墙面砖花饰

仅耐热抗冻、坚固结实,而且玲珑剔透、轻盈洁白、典雅别致。

　　(2)图案性强。维吾尔族匠人将植物纹样、几何图案经过提炼后的图案形态用于民居装饰用的石膏组花和石膏花带中,其不仅以生物生长环境中的原貌出现,且几何图案也并非用简单的几何形态构图,都需经过加工、变形、组合处理方可运用于石膏雕刻构图中。

　　(3)装饰性强,主次分明。洁白的石膏花饰不仅有用光影来突出表现图案中重点花饰的方式,还有用底色来衬托洁白图案的做法。单色底的石膏花饰和花带是将颜料掺入底层石膏中或是在底面直接涂色,多色底面是用多种颜色涂绘。底层颜色多用绿、墨绿、红、土红、朱、赭、土黄、橘黄等色。石膏花底色采用各种颜色搭配(一般用三四种颜色),可在不同的部位和环境里形成或热烈或华丽或温馨或亲切等各种不同的氛围,实为一种异彩纷呈的装饰手段。洁白的石膏花饰图案,在光影下能给人一种素静雅致、清爽宜人的美感。

　　(4)精致的刀法和多样的花纹断面。维吾尔族建筑中使用的石膏花饰断面有多种形状,不同的断面呈现出高低、重叠、交错、起伏等形态,充分展现了石膏花饰的立体感、质感和艺术感。刀法细腻刚健、精致流畅,更增加了石膏花饰图案的艺术表现力和感染力,也展示了维吾尔族工匠精湛的雕刻技艺。

二、砖花技艺

　　新疆维吾尔族民居装饰用砖一般指用黏土烧制而成的土红色或米黄色装饰砖,其由最初的功能性逐渐发展到集功能性与装饰性于一体,甚至今天为了追求新疆地域风格的纯装饰性砖(图6-15)。最初,黏土砖有标准的型号,后来,慢慢发展为随着纹样需要而不断变化长宽高比例关系的砖型。在新疆这一特殊的资源条件下,黏土砖具有成

本低、适用性广等特点,由其发展
出来的砖花饰这一装饰技术在新
疆维吾尔族民居中得以广泛应
用。维吾尔族传统民居建筑中的
拼砖艺术源远流长,从最初简单的
拼砌延伸为错综复杂的拼砌方式,
从对完整砖的排列到对砖的切割、
拼凑后的排列,进而形成多种砖花
饰,花纹类型也从单一纹样延伸出
多种纹样。总的来说,随着人们生
活水平的不断提高以及对家园美
观与功能需求的不断提高,民居砖花
饰的技艺水平也逐渐得到了提高。

图6-15　民居拼砌砖花饰

拼砖装饰艺术是维吾尔族民
居独有的装饰。拼砖工艺是指经过切、锯、拼凑、组合,最后勾缝后的
黄色砖或红色砖贴成的各种图形,装饰室内外墙面、屋檐、顶棚、门、柱
以及窗的檐部等部位。拼砖装饰主要有拼砌砖花饰、异型砖、透空雕
花砖等。

拼砌砖花指用一种或两三种普通砖、异型砖来组合图案并拼砌于
恰当的墙面,对建筑物适宜部位上的花带进行重点装饰,它利用砖的
本色来对民居建筑进行装饰,其传统的色泽是经烧制而成的自然色,
禁得起雨水的冲刷,既坚固耐用又防火隔音。砖变化的色泽及斑点使
由其拼砌的墙面有一种厚重的纹理感,凹凸排列形成的图案光影效果
极强,这种刚直中又带有纤巧的艺术风格,体现了建筑本身与其上拼
砖装饰在整体上的统一对应关系。

维吾尔族传统民居上的砖花装饰艺术有着十分显著的艺术效
果。其中,南疆的米黄色砖制作的拼花砖饰和花带装饰效果甚佳。维

吾尔族匠人以高超的技艺,采用对称、并列、连续、循环、交错等方式形成二方连续或四方连续的构图及立体的几何图案和花饰,变化无穷,在强烈多变的光影衬托下,精致的花纹、图案显得十分雅致。砖饰的部位常用在的建筑物墙面花带、线脚、屋檐、台阶边及门窗等处,采用印花型砖的独立图案、花带、边框线脚和彩画、石膏花、琉璃砖等方式进行配套装饰,是构成维吾尔族传统民居装饰艺术风格的重要手段。就砖而言,拼砌砖饰有无缝、凹缝、凸缝和平缝之分,其灰缝颜色为白色、黑色、墨绿色等。

异型砖作为一种专门外贴于建筑内外墙表面的装饰砖,是维吾尔族建筑上独有的拼花砖样式(图6-16)。异型砖是维吾尔族砖饰中最常用的一种,有方形、平行四边形、长方形、圆形、椭圆形、三角形、梭形、"S"形及枭混线、鹰嘴线等各种形状。异型砖的制作方式分定形烧制和现场制作(切、磨、锯成形)两种。异型砖拼砌出的图案有百种之多,常用于门、窗、顶棚、内外墙壁、柱、龛、廊檐等部位。

图6-16 喀什民居外墙异型砖花

花砖(印、刻花砖)是先将各自准备贴于建筑表面上的花纹样式制成花砖模子,后再翻模烧制,其表面印、刻有浅浮雕植物花纹或几何图案等。一般根据建筑各个部分不同的需要,按二方连续或四方连续进行图案的拼凑组合,也可单独使用。一般方形、长方形尺寸在30~50

165

厘米、厚4~6厘米,也可按建筑部位需要专门烧制。

雕花砖、镂空花砖是用烧制成的黏土砖根据装饰部位,现场用切、磨、锯、雕等方式制作的,常用于装饰要求比较高的公共建筑或豪华民居重点部位。如图6-17所示为伊犁阿依墩街12号民居墀头花砖。

维吾尔族匠人在拼砌砖花的过程中,所用的几何设计一般以一个基本图案单元为元素,通过对基本元素的上下左右复制来完成整面墙体的装饰。基本元素可以无限延伸,以尽可能地填满空间,从而使得整个纹样图案高度和谐、朴素大方,并有节奏感。维吾尔族匠人熟练地利用建筑材料本身的物理属性、色

图6-17　伊犁阿依墩街12号民居墀头花砖

泽及质地,运用一个个不同形状的砖体,构成独特"点"的壮美感,再加上自己匠心独运的创造精神,使得维吾尔族传统民居建筑在墙面形式方面形成了有别于其他民族、其他地区建筑的风格,也使维吾尔族传统民居建筑拥有一种独特的美感。维吾尔族传统民居建筑上的砖花装饰艺术,利用砖块与砖缝之间所形成的点、线、面,在建筑立面上给人以一种视觉上的冲击力。

第四节
其他装饰技艺

新疆因其所处的独特地理环境、历史文化环境衍生出多种维吾尔族传统建筑装饰技艺。维吾尔族传统建筑技艺不仅包括柱式加工技艺、木雕技艺、彩画技艺、石膏雕刻技艺、砖花技艺等，而且在木棂花窗、地毯工艺、琉璃花饰等方面也拥有非凡的技艺。

1. 木棂花窗

木棂花窗（图6-18）历史悠久、应用普遍，在受中原文化深远影响

图6-18　民居内木棂花窗

的乌鲁木齐、吐鲁番、库车、和田、莎车、哈密、民丰等地的应用成就尤为突出。和田、于田、莎车等地的大型建筑和阿依旺里的沙拉依喜欢用整片落地的木棂花格窗做隔断，十分别致。吐鲁番民居大门上的双交四碗棂花是当地民居的重要特征之一。木棂花格纹样在喀什民居中也有应用，但艺术水平相对差一些，北疆地区的民居里用得较少。维吾尔族传统民居中的木棂花格纹样有步步锦、回纹、冰裂纹、画框式、双交四碗棂花等，这些纹样图案丰富，构成严谨，风格独特。

2. 地毯工艺

除了与墙面本身相结合的木雕、彩画装饰、石膏花饰、砖花饰等装饰外，维吾尔族人还喜欢在室内用地毯进行装饰(图6-19)。维吾尔族地毯工艺具有悠久的历史，且种类繁多，集雕刻、绘画、刺绣、编织、印染等手工艺于一体。新疆地域广阔，人口分散，各地文化习俗和所吸收的外来文化均有差异，所以新疆各地地毯也有鲜明的地域特色：喀什的地毯纹样繁密严谨，纹路细致丰满；莎车的地毯纹样粗犷，纹路刚直有力，色彩艳丽；和田的地毯纹样组织致密，色泽深沉厚重。

图6-19　民居内地毯装饰

维吾尔族地毯十分有名,传统图案多样。维吾尔族地毯图案纹样不完全像中亚一些国家那样全是模式化的有规律的几何图案,也不像波斯地毯那样多自由圆润的软花纹结构,维吾尔族地毯既融入了阿拉伯和波斯地毯的风格,也融入了中亚各国地毯图案大小相辅、虚实相生等风格,形成了自己独特的样式。维吾尔族地毯图案主要由几何纹样组成,花中套花、花外有皮、瓣中套瓣、单线构图、多边密集,装饰丰富、色彩艳丽,喜用暖色及玫瑰花(或称"四瓣花")纹。维吾尔族地毯图案的基本要素来源于一些植物的自然形态和几何形态,经过维吾尔族艺术家的概括、提炼和纯化,直接以适合纹样和连续、对称纹样织成地毯,既生动美观,又简洁有序,还具有一种特殊的韵味。除了抽象化、概念化、图案化的纹饰之外,维吾尔族地毯还有一个很大的特点,那就是在纹饰的织造上,有相当一部分是写实的风格:打破图案惯常的对称和连续,直接表现一些静物、花卉或者自然风景,仿佛绘画一样,所有纹样严格局限于井字格、米字格、田字格等格式内,即纹样纵横呈90度走向,斜向呈45度走向。维吾尔族地毯结构有散花、盒子花、洋花等十多种,其传统图案有开力肯(波浪式)、卡其曼(散花式)、阿娜尔古丽(石榴花式)、拜西其且克古丽(五枝花式)、艾地亚勒(洋花式)、博古图案、夏姆努斯卡(夏姆式)、伊朗努斯卡(伊朗式)、拜垫图案等。

维吾尔族地毯组织致密,柔软结实,纹样新颖多变,图案清晰明快,色泽鲜艳明亮,同时以制工考究、工艺精湛称誉国内外。在新疆地区,不少家庭墙上挂壁毯(挂毯),地上铺地毯,床上有铺毯,座位有坐垫毯,做礼拜有拜垫毯,出门时骑的驴、马背上有鞍褥毯,这些毛毯不仅质地细密,有防潮、保暖、隔音等功能,而且缤纷多姿,宛如一幅幅画卷,美不胜收。维吾尔族挂毯多用羊毛编织而成,其织法、用料、图案、样式与地毯相同,制作中十分注意将同类色或对比色并置排列,充分显示色彩魅力。维吾尔族地毯编织方法均为手工打结,"8"字拴头,抽绞过纬,织作密度已由原来的360道发展到现在的940道,技艺日益精湛,成为国际市场上有名的工艺品。

3. 琉璃花饰

琉璃花饰包括琉璃装饰砖、琉璃透空花饰砖、琉璃面砖等。其中,前两者为特殊形态的琉璃花饰砖,色彩有绿、蓝、紫等,仅用于大型建筑的檐部等处。琉璃面砖分单色、单色压花、多色压花、多色绘花等多种,色彩有绿、墨绿、蓝、群青、紫、白黄、土红等。琉璃花砖分为白底花和火色底白花,色彩一般一两种或两三种,多为蓝、群青、白、绿等,题材以花卉、藤蔓卷草、几何图案和经文、铭文等为主,尺寸有大有小,形状有方形、梯形和多边形等多种。琉璃花饰装饰手法既有单色满墙装饰、花色面砖满墙装饰、单色和花色面砖拼合组花、铭文饰面或单色花带等,又有用各种单色面砖拼嵌图案满壁装饰的,也有重点部位用琉璃装饰或用琉璃面砖与砖雕、石膏雕、木雕混合装饰等。

第七章 维吾尔族传统民居建筑文化与传承

第一节　建筑文化
第二节　建筑营造技艺的传承

第一节
建 筑 文 化

维吾尔族劳动人民根据自己的生活习惯、道德观念、审美情趣,创造了灿烂的文化,建筑文化是其中的重要组成部分。新疆境内古城遗址众多,保存较为完整的城中规模宏伟的建筑遗址和龟兹、高昌等地石窟群里技艺高超的塑像、壁画等,反映了当时维吾尔族建筑文化的辉煌成就。遍布新疆的维吾尔族传统建筑,闪烁着熠熠的光彩,各地营造的传统民居建筑随气候及自然条件的不同而有着自己独特的风格。

| 一、习 俗 |

1.营造准备过程中的习俗

新疆自古以来一直是多民族共生、多种文化汇聚、多种语言和文字共存、多种宗教并存的地区。在长期的发展过程中,新疆地区各民族长期共同生活,相互接触,各民族文化不断交流、碰撞、融合,形成了兼容并蓄、求同存异的特点,并对当地的居住模式产生了巨大的影响。对民居建筑来说,由于自然条件、地理环境以及社会历史、文化、习俗和审美的不同,也导致了各地民居类型、居住模式既有共同的一面,也产生了明显的差异性,使维吾尔族建筑文化呈现出多元化的形态,这也是维吾尔族民居建筑丰富多彩、绚丽灿烂的根本原因。

高耸入云、蜿蜒数千千米的天山山脉,将新疆分成南、北两个盆地,而被夹在天山山脉和昆仑山脉之间的塔里木盆地、天山东部的山间盆地——吐哈盆地,则是维吾尔族的主要聚居地。塔里木盆地和吐哈盆地的主体是由世界第三大沙漠——塔克拉玛干大沙漠及库木塔格沙漠构成,这里属典型的大陆性沙漠干旱气候。面对残酷的自然生存环境,勤劳勇敢的维吾尔族先民凭着自己的聪明才智,经过千百年的艰苦奋斗,创造了辉煌的绿洲文化,维吾尔族传统民居建筑文化即是其中重要的组成部分。

维吾尔族人主要生活在塔里木盆地和吐哈盆地周边地带的干旱沙漠气候区,根据不同家庭经济条件和建筑用材的准备情况,营造前期准备阶段长短会有所不同。各地传统民居在营造前期通常会考虑以下几个方面习俗。

(1)维吾尔族人特别讲究邻里关系,维吾尔族民间有"远亲不如近邻""买房前先买邻居"等流传至今的俗语。

(2)传统民居选址,始终考虑自家宅基地周边或同一村庄内水土较优的地块。

(3)选址方案确定后,人们一般会邀请村子里有名望的老人、左邻右舍及负责营造工程的匠师等,在现场一起协商具体建设方案:先把宅基地周边用院墙围起来,再合理布置人畜生活所需空间后,其余地块作为果园用地种植杏树、桃树、香梨树等植物。庭院周边院墙处一般种植葡萄树,庭院内种植桑树及各种花卉等。

(4)住户大门靠村庄小巷侧一般布置有水渠和林带,考虑到建房所需木材,常种植几排白杨树和柳树。另外,有些家庭在果园后墙内外侧也会种植一些长大后能做主材的树木。

2.开工建设过程中的习俗

维吾尔族最初是游牧状态的非定居形式,之后进入农业生产并定居下来。维吾尔族民居建筑的演变进程时间较长,其中尤以院落布置、平面布局、结构工艺和装饰装修表现最为充分。

维吾尔族人在住宅建设准备阶段通常会在市场上购买干燥木材或砍伐宅基地周边成材的树木经自然干燥后,作为传统民居建筑柱梁、门窗等用材。此外,他们还会在自家果园或农田内取无杂填土的黄土作为原料制作土坯块,一般提前几年或半年制成并晾干,堆放在施工场地周边方便搬运的区域内。

长期生活在新疆地区的维吾尔族人有着各种与传统民居营造有关的风俗习惯。具体来说,维吾尔族传统民居开工建设过程中有着以下几个方面的习俗。

(1)开工前会邀请居住社区内的老人代表、邻居、泥匠及木匠等,在现场一起策划房屋功能布局方案、间数、朝向。开工仪式当天还会宰一只羊庆贺,然后请当地有声望的人或匠师先放第一块基石。

(2)除专业工匠(如泥匠、木匠、油匠等)外,其他参与工程施工的人员如亲戚朋友、邻居和其他村民等一律是无偿帮忙的。施工人员的午饭或晚饭有时由亲戚和邻居帮助解决,尽可能减少房主的负担。

(3)房屋主墙体砌筑完毕,便进入木构件施工阶段,这一工作主要由木匠师傅负责实施。屋盖封顶后会再举行一次庆祝活动,有条件的人家会宰羊或准备好吃的食物。砌筑女儿墙时,邻居会再次自愿组织过来给予无偿帮助,这天也会有主体完工后的相关庆祝活动。

(4)维吾尔族传统民居中的多数房间是坐北朝南布局,也有少部分朝东或朝西的房间。功能空间内部组织讲究主人卧室尽可能远离次卧,考虑婚庆、丧事等活动还会尽可能扩大房间空间,同时利用墙体厚度解决储存和陈设空间等问题。

（5）厕所选址也很讲究，一般布置在远离房间的果园的某个角落，蹲坑方向尽可能避免朝西。

（6）一些新建房屋往往会把其中的一间房子只进行简单装修或将顶棚密肋梁上方的一根木栈棍一头悬空。新建房屋一般不做得十全十美，以免给家里带来不愉快。

（7）往往会把进户门下槛适当往上抬起，寓意主人地位。考虑到私密性，房屋靠沿街或邻居外墙处一般不开窗或开设高侧窗。工匠们一般在木梁、彩画或石膏花饰中刻出修建年代和匠师名字，作为纪念。

（8）维吾尔族是一个有经商传统的民族，丝绸之路和"卡尔玩"（商队）的活跃也是推动维吾尔族民居建筑发展的重要因素，商业的发展促使人们在房屋原有的基础上扩建和加建建筑，以便商住两用。许多家庭手工业者在建房时还会考虑住宅带有商业运营或制作等功能空间。

（9）维吾尔族对绿色有着特殊的感情。维吾尔族人对绿色的崇尚远在游牧生活时期就已存在。维吾尔族人喜好绿色的文化特性在他们日常生活中的行为上有所表现。在新疆哈密地区，有一项民俗活动，每年冬季农闲的时候，为了喜迎春天的绿色，当地人要举办"麦西热甫"（麦西热甫是维吾尔族基层社区闲暇时举行的较大型的歌舞晚会，包括唱歌、跳舞、猜谜、讲故事等），人们会在瓷盘里种上蒜苗，由主办麦西热甫的家庭保管，当麦西热甫快结束的时候举行一个交接仪式，把蒜苗传给下一户主办的人家保管。

3.入住过程中的习俗

维吾尔族人很重视房屋竣工后搬入新家前的风俗习惯，人们在搬入房屋前都会举行隆重的庆祝仪式，一般的家庭会宰一只羊并邀请村庄里有名望的老人、邻居和亲戚朋友参加，一方面感谢大家这段时间给予的帮助，另一方面加深邻里之间的友好感情，发扬和谐共处的优良传统。维吾尔族传统民居入住过程主要有以下几个方面的习俗。

(1)维吾尔族对花草树木的喜爱之情,具体表现在家庭庭院的布置上。维吾尔族民居每家院子里几乎都种植葡萄,院子顶部支起木制葡萄架,果园里的葡萄藤沿着架子生长,这样葡萄可以直接从阳光中吸收养分,同时又形成了天然的绿色篷帐。在炎热的新疆地区,这不仅美化了环境,而且还给人们提供了良好的休息场所。维吾尔族人还喜好在院子里种花,最常见的花是玫瑰和夜来香,开花时节,玫瑰和夜来香在早晚时间交替开放,给维吾尔族人的日常生活增添了许多生气。

(2)搬家当天,父母或亲戚朋友会买一些家居用品如地毯、挂毯、餐具、被褥和工艺品等来参加庆祝仪式。

(3)在搬家前,多数人家会考虑有计划地分期建设,他们会考虑以后扩建房屋时主要用的土木材料的备料事宜。此外,人们对室内家具的布置也很讲究,如床不能对着门或朝西向、土炕或房间大小要考虑与地毯大小相匹配等。

(4)维吾尔族妇女很重视室内软装饰,她们会视家庭经济情况尽可能地提高客厅和客人经过的房间的室内装饰标准。

| 二、仪　　式 |

维吾尔族传统民居在总体布局上,既要考虑后期扩建的需要,又要考虑放置农具、粮食的贮藏以及牛棚、羊圈的设置等问题。传统民居多自成院落,一般包括住房、庭院、果园和牛羊圈4个部分。过去,维吾尔族有在家举办婚丧仪式或接待亲朋好友的风俗习惯,他们的建筑多以住房为中心,面向庭院的房屋前多设较深的前廊,前廊外设矩形大庭院,供人们举行大型仪式活动时使用。另有一些比较封闭的院落空间、外廊土炕、庭院院墙坐台及屋内土炕等,这些均是维吾尔族传统民居中独特的文化现象,由此产生了一系列的习俗,如跪坐习俗、待客习俗等等。

1.婚礼仪式

"婚姻礼俗在一个民族的习俗中占有十分重要的地位,它最能表现这个民族礼俗的特点。"维吾尔族历来非常重视婚姻,维吾尔族婚礼也别具特色。维吾尔族人的婚俗非常隆重且十分讲究,其结婚程序一般要经过提婚、订婚、议婚和婚礼等4个步骤,这也反映了维吾尔族人对婚姻的慎重。在维吾尔族人心中,提亲被认为是对女方家庭的尊重,有时就算双方父母都知道,两人的事儿早说好的,也要走提亲这一步。现在,随着经济和社会的发展以及各种文化的交融,维吾尔族人的婚礼也有所变化。婚礼仪式以前多在男方或女方家中举行,现在许多人都改在酒店宴会厅举行。在传统婚礼过程中,新娘和新郎都会穿着维吾尔族的传统服饰,婚礼仪式一般举行3天,男方会给大家准备手绢、毛巾、糖果等纪念品。

维吾尔族婚礼庆典期间,维吾尔族同胞会在庭院内举办形式各样的麦西热甫。活动声势浩大,参加人数很多,麦西热甫的感染力非常强,村庄里的老老少少都会来参加。为了能提供更大的活动空间,维吾尔族传统民居在建造时一般会尽可能地扩大室外活动空间。

2.丧葬仪式

维吾尔族十分讲究邻里间的和睦相处。邻里之间若有什么事,大家都会互相帮助。若是谁家里做了好饭,总要分赠左邻右舍品尝。维吾尔族这种互帮互助的风尚突出表现在婚丧嫁娶上,如谁家有了丧事,左邻右舍都会去向死者的亲属表示慰问。这时来慰问丧主的客人会源源不断,若丧主家一时招待不过来,则人群会分开在丧主家和丧主邻居家做客。

　　许多民族都有落叶归根的习俗,维吾尔族也不例外。维吾尔族的葬礼较为隆重且严肃,维吾尔族人会在死者去世当日、三日、七日、四十日和周年分别进行祭奠活动,维吾尔语称作"乃孜尔"。在所有的祭奠活动中,七日、四十日与周年这3个日子比较隆重,其形式主要是邀请亲友、乡邻来家中参加悼念活动。因为这一系列仪式都会在家中进行,所以维吾尔族人在营造房屋时,在布局上还会考虑再多盖几间客房。这些房间在平时可以当作储藏空间,特殊时期也可以用作专门招待客人的房间。

第二节
建筑营造技艺的传承

一、传 承 谱 系

　　维吾尔族劳动人民在当地特殊的地理与历史环境下,通过自身的需求和感知,在传统建筑营造中进行实践,同时吸取多元文化的不同养分,使自身的文化更具多元性。维吾尔族建筑文化在地域文化的色彩下,将不同文明的因素融合再创造,营造了自身丰富的民族建筑艺术品。

维吾尔族民居所在的辽阔的地理空间与相对独立的单个绿洲，构成了较为特殊的生存环境。虽然由于风沙等不利条件，民居外部不适宜华丽装点，但在民居内部的装饰中，维吾尔族人用自己敏锐的艺术意识，将内部空间装扮得十分精美。外部空间的广袤，使他们对于繁缛的装饰、绚丽的色彩，具有更为强烈的需求。

维吾尔族有着众多优秀的建筑师和雕刻师，他们建造出了各具特色的维吾尔族民居，他们传承和发展了维吾尔族建筑的艺术。然而在传统典籍中，由于对相关传统建筑工匠的记载甚少，使得维吾尔族传统建造技艺的传承缺乏书面的、系统性的梳理。只在一些相关历史文献及文学作品中见有零散的关于维吾尔族手工艺匠人的描述。

两汉时期，新疆的手工业门类齐全、种类繁多，生产技术达到了较高的水平，一些规模较大的手工业在当时占据一定地位。汉代是新疆地方手工业全方位发展的重要历史阶段之一[1]。

冻国栋先生的《吐鲁番出土文书所见唐代前期的工匠》，在充分解读吐鲁番文书有关工匠史料的基础上，对民间手工业者的类别、身份、待遇等做了细致的探讨。作者详细分析了文书中出现的木匠、缝匠、铁匠等人的名籍，根据匠人名单推测唐代应有"匠籍"以管理并征发各色工匠，并对不常见的画匠、杀猪匠、韦匠、笮匠、连甲匠、装潢匠、景匠做了考证与解释[2]。

玉素甫·哈斯哈吉甫在《福乐智慧》第五十一篇记载了当时工匠的生活："还有一种人是工匠，他们靠手工艺谋生。他们也是你们所需要的人，你接近他们会从中受益。他们中有铁匠、鞋匠、木匠，还有油漆工、画师和弓矢匠。工匠种类很多，这里不必一一细数。世界的装饰靠他们，人间的奇迹由他们创造。"[3]

---

① 马国荣，汉代新疆的手工业，西域研究，2000年第01期。
② 彭丽华，唐五代工匠研究述评，井冈山大学学报（社会科学版），2014年第02期。
③ 孙葛，魅力工艺与西域各民族的日常精神生活，文艺研究，2009年第03期。

维吾尔族传统建筑的发展过程与维吾尔族人生活的地理环境和各历史时期的社会政治制度、经济发展情况、宗教信仰等有着密切关系。

回鹘汗国时期，政治极不稳定。当时的维吾尔族人因前期主要以游牧生活为主，为了建造、拆卸和搬迁的便捷性，住房多以毡房为主。随着后期转入农业生产，逐渐形成了依托绿洲的定居点，维吾尔族建筑形式也发生了很大的转变，由游牧时期的毡房逐渐演变为农业生产时期的生土建筑。

喀喇汗王朝极盛时期，当时的建筑业、装饰业、油漆业和木业等有了比较全面的发展。

叶尔羌汗国时期，因君王大力支持宗教的发展，故人们对陵墓（麻扎）十分崇拜。当时，人们将较多的人力、物力、财力投入对陵墓的建造中。这一时期，已有了建筑细部处理较为成熟的技艺，主要体现在大门、檐口及柱式的石膏、琉璃砖、木雕、砖雕等装饰上。当时虽然有许多优秀的维吾尔族木匠、装潢师等，但由于当时的生活水平整体较低，其建筑艺术的发展未能超过前期的发展水平。

清朝时，维吾尔族建筑因当时居民的社会地位等级的不同，其民居建筑形式也不同。当时，底层穷苦人民的房子基本上比较低矮、陈旧，而官员或富商的房子却非常华丽，如和田地区皮山县的吐尔地阿吉庄园等。从现在保留较为完好的典型传统建筑中我们发现，当时的建筑营造技艺体现了中原文化与中亚文化对其的深刻影响。

维吾尔族手工业十分发达，种类繁多，与建筑业有关的手工业有铁匠、油漆匠、染匠、铜匠、陶匠、砖匠、泥水匠、木匠、雕刻匠等。这些传统工艺，一般通过家族代代传承，或以师徒的方式相传，部分工匠留有家谱。随着现代社会经济的发展和工业化进程的加快，维吾尔族手工业受到极大冲击，现在大量的手工业种类已经失传。目前，仅在喀什老城区内还能见到一些维吾尔族传统手工艺品工坊。现在，在南疆地区的喀什、和田、阿图什等地,还有少量的掌握传统建筑技艺的家族式或民间组建的施工队伍,仍承担着地域性建筑的营造任务。

二、传　承　人

维吾尔族传统民居建筑在新疆地区分布范围广,且一直在传承中发展变迁。对过去从事维吾尔族传统建筑营造技艺匠人的建造活动,相关学者也有探讨。冻国栋在《吐鲁番出土文书所见唐代前期的工匠》一文中,根据唐前期的西州工匠名籍和工匠应征服役情况,探讨唐代前期工匠的征发形式和配役方法。文中认为,唐代工匠制度与高昌乃至北凉时期有别,工匠的地位较之前代有明显提高,但其征发办法在某些方面与前代却有着渊源关系。唐代民间工匠虽然不同于注籍于少府的官府匠人,但也有别于一般民户,他们名隶匠籍,受官府严格控制。官府依据匠籍征发工匠。工匠被征发时应自带口粮、作具。被征发的工匠或从事本行业劳作,或与其他民丁一道配发至州县的诸官厅从事一般性劳役。唐代西州匠人中有不少是昭武九姓胡人,他们和汉匠一样受政府控制,征发上役。西州民间工匠为数甚多,他们是西州手工业商品的生产者。西州工匠中的一部分也会随西域商人进入中亚一带,成为中亚地区手工业技术的重要传播者。

中华人民共和国成立后到20世纪90年代,学术界对新疆民间建筑展开了相关研究,这一时期主要集中在对建筑图案的研究上。进入21世纪后,学术界加大了对民间艺术的研究力度,新疆民间建筑成果日渐增多。在各类研究成果中,较为集中、较为最突出的还是对于新疆民间建筑的造型、色彩、图案纹饰及其文化艺术特征的研究。

建筑文化是社会总体文化的组成部分,建筑物是建筑文化的载体,它装载着人类、社会、自然与建筑之间相互影响的信息,这些信息的综合就是建筑文化。建筑文化同样是人类文化的重要组成部分,是物质文化、制度文化、精神文化、符号文化的综合反映,它随着人类的产生而产生,也随着人类社会的发展而发展,具有历史性、民族性、地域性等特性。

文化是一个国家和民族的灵魂。非物质文化遗产是我国传统文化的优秀代表,是以非物质为存在形态,以满足人们文化需要为目标,以世代传承为纽带的传统文化表现形态。随着社会的快速发展,许多在传统建筑营造过程中从事传统建筑材料生产、加工、施工等方面的人正逐渐老去,新的传承人出现断层,这直接导致与建筑业相关的传统技艺的消失。

针对上述情况,中央和自治区政府也做了保护文化遗产方面的大量工作,新疆现有"中国新疆维吾尔木卡姆艺术""玛纳斯"和"麦西热甫"3项入选世界级非物质文化遗产名录,有127项入选国家级非物质文化遗产名录,有200多项入选自治区级非物质文化遗产名录,另外还有3000多项入选地、县两级非物质文化遗产名录。现在,新疆地区有国家级非物质文化代表性传承人112名。在入选的各级非物质文化遗产传承人中,年纪最大的85岁,从整体来看,很多传承人年龄都已逾60,亟须相关传承人。

关于维吾尔族传统建筑营造技艺的谱系和部分代表性人物,在各地都能找到口口相传或后人整理的资料。如表7-1所示为维吾尔族传统建筑营造技艺传承谱系。

民间工艺在现代社会的传承是一个比较复杂的话题,各国家和地区都在尝试用各种方式来延续民间工艺的传承和发展。目前,我国很多的民间工艺匠人因各种因素相继转行,正逐渐淡出我们的视线,维吾尔族民间工艺也面临同样遭遇。现在,党和各级政府采取多种有效措施共同努力,来挽救和保护濒临消失的民间工艺,使得一些工艺得到了一定的保护。

表7-1 维吾尔族传统建筑营造技艺传承谱系(部分代表性人物)

第一代传承人	第二代传承人	第三代传承人	第四代传承人	第五代传承人	第六代传承人
阿布迪伊木·阿洪	吾斯曼阿吉木(策划人)	阿布都赛里木·阿吉木	伊马木·毛拉洪	阿布力孜·阿布都克力木	乃比卡德尔
阿曼乌斯坦木(师傅)	买买提阿洪(泥瓦匠)	玛木提·伊民阿吉	依斯热吉·玛木提	萨塔尔·克然木	如孜阿吉·吐尔逊江
拜克热洪乌斯坦木(师傅)	再伊丁(泥瓦匠)	吾布力阿吉	纳斯热江阿吉	阿吉阿布力孜·沙吾提	阿吉艾再孜
如孜阿洪乌斯坦木(师傅)	萨吾提(泥瓦匠)	阿布都克然木·斯迪克	艾山·艾买提	白克热·阿布都热西提	
	吾普尔·塞伊丁(泥瓦匠)	阿碧提江·吐尔迪	卡德尔·吾斯曼(策划人)	阿布都热合曼·土尔逊	
		阿拜都拉·依斯兰		吐尔逊江·吐合提	
		吾斯曼喀力(木匠)		库尔班江·萨迪克	

　　虽然党和各级政府投入了大量资金,以保护维吾尔族传统建筑营造技艺及其传承人,但还有一些未被列入保护对象的地方传统工艺仍然面临即将消失的境地。究其原因,主要有以下3个方面因素:一是在国家现行的九年义务教育与十二年义务教育并行的大背景下,多数孩子在学校接受文化教育,之前的家族式与师徒制的传承方式急速消失,只有少部分无法顺利升学或极少数完成义务教育后对传统技艺有浓厚兴趣的年轻人才会去选择学习相关的传统工艺;二是在现行经济社会环境下,传统工艺相对落后,社会需求不大,从事相关行业人员收入偏低,生活来源无法保证;三是因传统材料和工艺不断被新型材料替代,市场占比急速下降,多数相关行业没有找到与现在经济社会背

景的切入点与融合方式,最后被迫转行。

虽然有着上述种种不利的因素,但目前仍有部分从事相关传统工艺的创新者在利用传统材料、传统工艺,生产文创产品及各类工艺品和生活用品,并受到了人们的极大欢迎。如阿卜杜热合曼·麦麦提敏早在2007年就被授予"国家级非物质文化遗产项目维吾尔族模制法土陶烧制技艺传承人"称号,他的3个儿子是家族第八代土陶技艺传人,3个儿媳也学会了雕花晾晒、彩绘上釉等技艺。近年,随着旅游业的发展,土陶也慢慢成为旅游纪念品,慕名前往购买土陶的游客日益增多。2019年,阿卜杜热合曼家出售土陶共计收入15万元。目前,在新疆实施旅游兴疆战略的机遇下,各地以非遗为代表的各种优秀传统文化正慢慢融入当代社会生活,展现出更旺盛的生命力。

非物质文化遗产是以传承人实践活动为主要载体的"活"文化形态。确保非物质文化遗产的传承性,是《中华人民共和国非物质文化遗产法》规定的非物质文化遗产保护工作的重要原则之一。各级非物质文化遗产代表性传承人不仅肩负着延续传统文脉的使命,而且代表着非物质文化遗产实践能力的最高水平。他们在传承的同时,不断将个性化创造融入传承实践活动中,对相关非物质文化遗产的持续传承发挥着不可替代的作用,因此保护非物质文化代表性传承人也成为非物质文化遗产保护工作的重要内容。随着近年国家和自治区政府大力发展保护传统村落、历史文化名城名镇名村、历史文化街区、历史建筑、传统风貌建筑和提升旅游景区地域性文化特色等工作的实施,维吾尔族传统建筑从业者逐渐增多,工程项目逐年增多。目前,在喀什、和田、阿图什等地区,从事传统建筑土建和内外装修的施工工匠数量日益增多,南疆地区拼花砖和石膏雕刻等传统装饰手法还深受外地朋友的喜爱,许多施工者跨省承接具有维吾尔族传统建筑特色的室内外装饰装修项目,受到了当地居民的好评。一些年轻的从业人员,在收入得到增长、工程项目基本有保障后,也开始跟随老师傅学习传统技艺,这些都为培养下一代传承人打下了坚实的基础。

三、传承现状与分析

1.现状

新疆维吾尔族传统民居在多年的探索中,虽然已经创造出了富有民族特色的民居建筑文化,但由于新疆地区较为偏远,社会经济发展状况还相对较差,信息的传递也较为缓慢,当地不少维吾尔族农牧民对于住宅的要求还相对较低,故其一直处于进展缓慢的阶段。

通过大量的实地考察分析发现,新疆维吾尔族民居建筑的现状主要有以下几个方面问题:第一,民居的平面布局需要合理化。从现存的维吾尔族民居布局来看,民居建筑的平面布局与居民的生活习惯缺乏紧密关联,因为经济条件较差,人们初建住宅时通常都只建两三间房屋,之后如需扩建时则在两边随意增建,从而使房间的功能性不够明确,整个建筑的交通流线较为混乱。第二,室内的通风与采光情况需要改善。为了避免阳光直射、抵御风沙,达到室内冬暖夏凉的目的而将建筑墙体加厚,并将窗户改小,这本来是维吾尔族人因地制宜的处理手法,但实际情况是在多数住宅中都处理成外墙没有窗户,使所有的房屋只单向开窗,这使得房间内采光条件较差,空气不流通。第三,院落的功能分区需要明确。维吾尔族几乎家家户户都养有牲畜,有些民居在院落中布置牛羊牲畜圈的位置不合理,屋内常常有秽气进入,空气质量较差,人畜的交通流线不明确,导致牲畜常常在庭院中随意串行,影响居民生活。第四,新疆有一些地区属地震带,这些地区有的民居建筑缺乏防震设计和避难的考虑。第五,防火措施需要加强。新疆维吾尔族民居建筑结构中的梁架多为木质,屋顶的铺面也多为植物枝条、室外的棚架、葡萄架亦多为木质易燃材质,而在冬日,维吾尔族人又习惯在室内生火取暖,夏日常在室外棚架下生火做饭,极易引起火灾。

20世纪90年代后,新疆地区的维吾尔族民居建筑主体主要以现代建筑材料为主、室内外装饰装修仍然采用传统材料、屋内增设水电暖等设施、改善建筑物理环境、人畜分离或不设牲畜用房等做法,也有的民居在保留建筑现状的基础上,按传统风貌进行扩建,从而保证了传统民居营造工艺的有效传承。总之,除新定居点外,其他传统村落或老旧社区内仍存有传统营造技艺的发展空间。

西部大开发,特别是2010年国家提出的援疆计划大战略的深入推进,随着城市和乡村多层楼房日益增多,维吾尔族传统建筑,特别是具代表性的维吾尔族建筑技术和艺术面临着前所未有的挑战,具体来说,主要有以下几点:

(1)原老城区内比较集中的维吾尔族社区和社区中的庭院式传统房屋逐渐消失。多数新建居住建筑未能更好地传承地域建筑文化基因。

(2)随着维吾尔族传统建筑的消失,维吾尔族建筑技术和艺术更多地以装饰的方式在建筑内外部呈现。

(3)传统维吾尔族工匠在现代建筑营造中的工作机会或社会需求逐渐减少,导致维吾尔族传统建筑中不可缺少的地方工艺不能更好地发展和传承。

(4)城市的扩张和工业的突飞猛进,大批农民入城务工,居民大量向城镇转移,寻求较为优越的生活方式。越来越多的年轻人在城市安家落户,致使传统村落受到了冲击。

近年来,中央和自治区政府逐渐认识到对传统民居文化资源保护和发展的重要性,加大了对传统民居建筑遗产的保护力度,新疆各地不少维吾尔族人定居的历史文化街区、名镇名村被列入文化遗产保护项目。这给传统材料的生产工艺和传统技艺的保护与传承创造了历史性机遇，大大促进了传统民居营造技艺的继承和发扬光大。

2. 保护

新疆维吾尔族传统民居有着丰富的历史文化内涵，这是维吾尔族先民千百年来在生活中努力探索、选择及创造的结果，其中体现着当地的特色，贯穿着历史的脉络。维吾尔族传统民居彰显着当地的本土气息和维吾尔族的人文气质，是维吾尔族传统民居建筑的精华所在。

但是，随着社会文明的进步、经济的发展，像维吾尔族传统民居这种地方性的民族建筑正在逐渐消失，亟须我们的保护，以保留维吾尔族先民创造的印记，储存真实的历史信息。

我们必须以保护为首要宗旨，对现存的维吾尔族传统民居加以合理保护与利用。对于正在因改建而盲目拆迁的一些新疆维吾尔族聚居区应及时制止，因为这些先民留给我们的宝贵遗产是唯一的、不可再生的。我们需要在新疆地区主动普查和保护一些未曾注意、地理位置偏远、深藏着的典型的维吾尔族传统民居实例，并对其进行探索与研究，发掘其民居建筑文化的内涵及特色。我们知道，研究与保护必然是并存的，如果没有较好地保护传统民居，则研究也会受极大影响，而较为完善的研究又能促使我们更好地保护传统民居。

我们要积极倡导"保护传统民居，避免过度开发"的观念，保护好传统民居建筑。在当今这个科技与经济高速发展的社会，保护与开发常被相提并论，保护的目的往往会归结到旅游的开发上。我们只有明确保护项目的真实性质，才能相应地给予合理保护。

我们在保护维吾尔族传统民居的同时，也应保护好其周边历史风貌及文化，如民居的传统院落及周围的环境、维吾尔族的人文风俗等。因为保护民居传统建筑绝不是简单地将建筑单独保护，传统建筑是人们生活的场所、是地方居住的文化，在对其进行保护时我们必须考虑保护的完整性,只有这样才能保存完整的维吾尔族民居建筑。

因为现在许多传统技艺已面临失传,所以保护好现存传统历史建筑及其风貌,是保存及延续传统民居营造技艺较好的方式。

3.传承

新疆地域辽阔,新疆传统民居建筑有其独具一格的地域性特征和民族特色。

维吾尔族是居住在新疆地区的主要民族群体之一,分布在新疆的各个区域,不同地区的维吾尔族传统民居各具特色。维吾尔族传统民居建筑在漫长的历史发展进程中,受到了东西方多元文化的影响,勤劳的维吾尔族人将这些不同文化融入自己的民族文化中,创造出了具有独特风格和装饰艺术的民居建筑风格。维吾尔族传统民居在其建筑材料、建筑结构、空间布局及室内外装饰艺术中都蕴含着地域环境及民情风俗等丰富的内容。

在科技发展极快的今天,社会环境发生了变化,人们的社会关系和生活节奏也随之发生变化,时代的进步和经济条件的逐步好转也影响着新疆维吾尔族人的生活方式。现在维吾尔族传统民居内的壁炉、火炕、火炉等取暖方式逐渐减少,取而代之的是现代的取暖设备,家具及建材的种类日渐增多,人们对居室也提出了不同的要求,对居住的舒适度、采光通风及家居环境也有逐步改善的愿望。因此,创造与新疆维吾尔族民居现代生活相适应的民居建筑是有必要的,这就要求我们不断地探索与创新维吾尔族传统民居文化,使其与时代发展接轨。

维吾尔族新传统民居的建设需要以当地的自然环境、历史文化及人们的生活习俗等为基础,继承和发扬富有民族特色的新疆本土的维吾尔族民居风貌。任何地域建筑都有它存在的特殊因素,如自然环境、历史人文环境、民族生活习俗及居住环境等,新传统民居建筑的创作必须尊重和继承这些强烈的地域民族特征。这样的建筑不仅仅需要在建筑形式上有地域特色,更需要在民族文化和精神上有所体现,是对维吾尔族传统民居深层意义的延续。

新疆维吾尔族民居建筑形式十分丰富,当地人们常将较为复杂的民族元素稍作简化使之成为符号后用于现代的民居建筑创作中,这个发展方向不仅能够增添新民居与居民的亲切性,还能够强化民居建筑的地域性文化特征。在新疆维吾尔族民居建筑中,建筑装饰占据非常重要的地位,其装饰方法和手段较为复杂,在新民居中我们可以将传统民居建筑设计中的富有民族特色的装饰元素抽取成符号,用简单的二次连续、四次连续或其他方法进行构图,使其既不失维吾尔族的民族特色,同样也能生动地体现其地域性特征。

在新疆维吾尔族传统民居建筑文化中,建筑材料的选择和运用有着非常重要的地位。在新建民居时,我们既要吸收和选择传统材料、探索和学习传统技术,又要利用现代技术与材料来塑造地方建筑的新形象,传统建筑材料和技术的使用能使地方建筑的本土特色更加丰富、细腻。合理利用现代的建筑材料和处理手法,并将其与传统建造工艺相结合,如用现代的黏土烧制砖块代替传统的生土作为建筑的承重结构或做建筑的外装饰材料,这样不仅提高了民居建筑的安全性,而且体现了传统民居建筑的色彩特点,使新建的维吾尔族民居在建筑形态上保留了地域性特色,在建筑结构上突破了传统民居的固有模式。同时,在新建民居建筑时,我们应学习与探索维吾尔族的历史文化及传统建筑文化要素,更好地把握维吾尔族新民居的建筑形象。

总的来说,要很好地保护并发展维吾尔族传统民居建筑,应以对新疆地区的自然环境与地域特征、维吾尔族的历史文化与人文气息有着较为深刻的了解与认识为基础。"知来路方能识归途",我们应吸纳地域多元文化的丰富内涵,建造具有地域特色的维吾尔族新民居,从而将新疆维吾尔族民居建筑技艺传承、发扬下去。

后　记

　　我国西北边陲有一个神秘而又美丽的地方——新疆。一提起新疆,不少人都会想起新疆香甜的瓜果、迷人的风景、美丽的姑娘等,还有各种具有新疆特色的民居建筑。由于特殊原因,目前尚无一本较完整记载新疆古代城市与建筑辉煌历史的史籍,仅有的为数很少的史籍中记述的新疆传统民居内容都是笼统概括的描述,有些朝代甚至没有任何史料。现阶段,经过不少专家、考古学者等的不懈努力,我们才得以初步揭开新疆古代建筑史的面纱。考古发掘的大量实物表明,新疆少数民族劳动人民在漫长的历史岁月里,运用他们的聪明才智创造了灿烂的文化,维吾尔族传统民居建筑营造技艺便是其中之一。

　　维吾尔族传统民居的建造多就地取材,在建造时尽可能地使建筑与当地的自然环境、气候条件几近完美地结合起来,如和田地区民居采用阿依旺空间使建筑适于当地干热少雨、多沙尘暴的气候,建筑外墙几乎不设窗户,仅靠屋顶的阿依旺采光通风。阿依旺空间除用来通风采光外,还是人们纳凉、农作、娱乐等的空间。阿依旺空间是在物质、科技、资源缺乏的时代人们智慧的结晶,以其为代表的维吾尔族传统民居营造技艺值得后世传承。

　　传统民居营造技艺是一种民间技艺。维吾尔族传统民居的发展与其所崇奉的信仰、多元文化因素和所处各个不同历史时期的政治制度、经济发展情况等有着密切关系,也与其民族经济形态、生产生活方式、家庭结构、婚姻习俗等相适应。同时,新疆地区的气候条件、地形地貌、绿洲分布及当地建造材料的种类等,也对聚落选址、建筑形式、空间布局及建筑构造等产生了重要的影响,从而形成了新疆地区特有的、适应当地自然环境的营造技艺和聚落空间形态。维吾尔族传统民居建筑不仅体现了较高的文化价值、实用价值,而且具有一定的历史价值和艺术价值。

当前,随着城市的发展和人们生活方式的变化以及不断增长的物质生活需要,维吾尔族传统民居面临着现代生活方式的冲击,一些年轻人置身于现代化大城市中生活,留下来的部分居民拆除了世代相传的民居,用新材料、新工艺建造新家园,这些都不利于保护和传承维吾尔族先民的文化与智慧。一些留存下来的传统民居也面临诸多问题:有些民居的归属不明确,缺乏日常维护;有些民居因年代太久且未能得到很好地维护,成为危房;有些特色的传统民居虽受到重视和保护,但因其不符合国家和自治区保护单位的标准,所以并没有得到管理与维护;等等。此外,因为维吾尔族传统民居村落赖以生存和发展的环境发生了根本改变,使得一些传统民居失去了修建的必要性。传统民居作为一座城市深厚文化底蕴的象征,不仅展现了自身所处时代的建筑特色,而且也体现了本土的审美情趣。

维吾尔族传统民居的保护要从对单一建筑的保护逐渐过渡到对古村落的保护,只有这样,才能保证一个地区的特色不变味、不走调。维吾尔族传统民居本来就是依存环境而存在的,特定环境中的民居才是民居的本态。传统民居的保护可以从单纯的保护过渡到利用性保护,把民居作为有吸引力的旅游资源一边保护一边开发,这样不仅可以带动当地的旅游业发展,而且可以提高当地居民和政府的收入。需要注意的是,在开发旅游业时应尽量保持民居村落的原生态,应充分利用民俗文化,为游客提供原汁原味的民俗生态游。不仅如此,还应重点保护和传承维吾尔族民居的营造技艺,为防止技艺失传,应重视培养传承人,同时对民居建筑加强管理,并请专业人士对其进行定期维护、加固。

维吾尔族传统民居作为一个生活化、情景化、开放的原生态博物馆,更生动地展现了新疆地区的历史、文化特色。生态博物馆是一种以特定区域为单位、没有围墙的"活体博物馆",它强调保护、保存、展示自然和文化遗产的真实性、完整性和原生性,同时也展示了人与遗产的活态关系,生态博物馆有效地保护了当地的文化遗产,包括自然环境、历史文化、建筑景观等。对维吾尔族传统民居及其存在的环境进行整体、合理、切实的保护和利用,即在一定的空间和时间量度上保持非物质文化遗产的完整性和原生性。

民居的保护工作是一项费时费力且艰辛的工作。目前,维吾尔族传统民居多数还在继续使用,居住人口众多,且无详细的维修建造历史记载,这就需要投入大量人力对其进行普查,记录其建造年代、结构、特色、风格和保护情况等,进而制定合理的保护措施。

维吾尔族传统民居具有其无法抵挡的魅力,在现代城市化进程中,有效地保护好各民族传统民居建筑,对传承历史与文化、提升城市魅力、保留较完整的城市记忆、促进经济发展等都有着积极的意义。保护和传承维吾尔族传统民居是历史赋予的使命,现阶段,中央和自治区政府日益重视非物质文化遗产的保护工作,相信维吾尔族传统民居营造技艺这一灿烂的文化一定会大放异彩。

2018年初,我得以有机会将自己近30年来不断积累及收集的关于维吾尔族传统民居营造技艺的相关资料,结合自己在实际项目中的经验,整理编写成书。此次机会无比珍贵,而且编写工作也是一个冗长、烦琐、细致、缜密的过程。在图书编辑过程中,我得到了新疆安达孜文物保护工程设计有限公司的大力支持及帮助,茹克亚、刘芳芳、唐玉雪、阿力克木、买合木提、吐尔汗江、爱资哈尔等参与资料搜集及图纸绘制工作。此外,新疆大学建工学院书记贾力坤及我的研究生宁岩松、库地来提、麦如甫江也为图书的编写付出了不少心血。

在此,对所有给予帮助及支持的人表示诚挚感谢,我怀着一颗感恩的之心,殷切期望本书早日付梓,也希望本书对读者了解维吾尔族传统民居营造技艺有所帮助。因时间仓促,书中谬误之处在所难免,恳请各界有识之士不吝赐教。最后诚挚地感谢安徽科学技术出版社,正是由于安徽科学技术出版社的支持,我才能对维吾尔族传统民居营造技艺进行系统的总结与梳理,并得以出版成书,使得维吾尔族传统民居营造技艺有机会让更多人了解。

艾斯卡尔·模拉克